KB265213

10g의 비밀

10g의 비밀

지 은 이 | 김유진 · 송혜진
펴 낸 이 | 김원중

편   집 | 이민수
디 자 인 | 홍상회
일러스트 | 소영
펴 낸 곳 | DDK(주)
도서출판 선미디어
초판인쇄 | 2004년 5월 15일
초판발행 | 2004년 5월 20일

출판등록 | 제2-2576(1998.5.27)

주   소 | 서울시 은평구 대조동 38-4
           월드빌딩 5층 전관
전   화 | (02)355-4338
팩   스 | (02)388-6008
홈페이지 | http://smbooks.com

ISBN 89-88323-56-4 03590

값13,000 원

[숨어있는 최고의 飮食名家 이야기]

10g의 비밀

김유진 · 송혜진 공저

선·미디어

10g의 비밀

10g은 지극히 소량이다. 예민하게 신경을 쓰지 않아도 괜찮을 정도의 부담 없는 수치이다. 10g을 질량이 아니라 이미지로 형상화하는 데 가장 도움이 되는 것은 일회용 커피믹스다. 스틱형 인스턴트 커피의 중량이 바로 10g이다. 기껏해야 종이컵 하나의 맹물을 커피로 만들 수 있는 양이지만 이 10g이 요리에 적용되면 이야기는 달라진다.

어떤 음식이건 간에 기본 재료나 양념의 양을 이만큼 더하거나 덜하면 맛은 상상할 수 없을 정도로 달라진다. 아니 아예 다른 음식이 되기도 한다. 탕이나 국을 끓일 때 멸치나 무, 파의 10g이 시원함을 좌우하고, 볶거나 지질 때는 10g의 참기름이나 들기름이 고소함을 결정한다. 또한 한약재 10g은 밀면의 육수나 베트남 국수의 국물에 개운함과 진득함을 선사하기도 한다. 그러나 가장 중요한 10g은 내가 만든 음식을 먹어 줄 사람에 대한 정성이다.

그렇다면 '10g 어치의 정성'은 과연 무엇을 말하는 것일까? 냉면을 삶아서 헹구어 내는 찬물의 깨끗함, 앞 손님이 먹고 간 고기 불판을 한 번 더 닦는 세심함, 남은 밑반찬을 과감히 음식물 쓰레기통에 내던질 줄 아는 우직함, 사골 국물에 분유를 섞지 않는 정직함, 사람 먹을 채소에 마구잡이로 농약을 치지 않는 건강함, 양식장에 섞어 넣을 '마이신'을 포기할 줄 아는 대범함, 그릇에 묻어있는 세제를 못 견뎌하는 깔끔함….

이루 다 헤아릴 수 없을 정도로 많은 '10g의 정성'이 名家를 만든다.

음식은 거짓말을 하지 않는다. 공을 들인 만큼 반응이 돌아오고, 정성을 기울인 만큼 보답한다. 하루아침에 별미가 만들어지지 않는 이유는 아무래도 이런 원칙이 작용하기 때문일 것이다. 장사가 잘 되는 집은 유난히 고집스러운 원칙이 많다. 오랜 시간에 걸쳐 한 집만 거래를 하고, 재료가 떨어지면 뒤도 돌아보지 않고 가게문을 걸어 잠근다.

'10g의 비밀' 에서는 이런 집들만을 다루려고 애를 썼다. '10g의 어치의 질 좋은 재료와 정성 그리고 원칙과 고집' 으로 비밀스런 손맛을 지키고 있는 식당들을 선별하느라 무척이나 오랜 시간을 소모했다.

모쪼록 이 책을 읽는 독자들이 가능한 한 싸고 맛있는 음식을 접하는 행복을 나와 함께 나눌 수 있다면 더이상의 바램은 없다. 일흔 일곱 집의 식당들 중에서 단 서너 곳만이라도 딱 마음에 드는 집이 있기를 빌어 볼 따름이다.

귀한 기회를 주신 선미디어의 김원중 사장님과 이민수님께 감사의 인사를 드리고 싶고, 선배 '맛 칼럼니스트' 이신 MBC의 최진섭 부장님, 오랜 시간 칼럼을 쓸 수 있도록 지면을 허락해 주신 한국경제신문의 이정환 부장님, 한은구 기자님께 감사를 드린다. 함께 라디오를 진행하는 진정한 미식가 서수남 선생님과 유기농의 진지한 전도사 김보화 누님, 그리고 교통방송의 '주말 선택' 을 이끌어주신 넉넉한 웃음의 이채완 차장님, 다부진 카리스마 윤순섭 차장님, 로맨티스트 이영미 차장님 그리고 김경희, 김고은 작가님께도 고맙다는 인사를 전하고 싶다. 공수동맹의 이성진 사장님과 이상헌 이사님 그리고 오렌지 POP의 송금진 사장님도 빼놓을 수 없는 감사의 대상이다.

끝으로 입에 맞지도 않는 음식을 같이 먹으러 다니면서도 의젓하게 참아준 도형과 서형 두 아들 녀석에게 이 책을 선물하고 싶다.

2004. 5. 1 여의도에서

Contents

1. 후덕한 인심과 친절한 써비스에 끌리는 곳

전설의 백반을 먹을까? 신들린 백반을 먹을까? - **밥이야기**   14

주꾸미 요리의 메카 - **몽대**   18

자린고비가 짜다구요? 천만에요 - **자린고비**   22

까마귀를 훔친 물고기 (오징어)의 21C 변신 - **해남갈비**   26

추억 속에 살아나는 혼 · 분식 장려운동 - **옛날보리밥집**   30

정약전 선생도 울고 갈 해물탕 맛의 비밀 - **원조밀리네해물잡탕**   34

이 집보다 싸고, 양 많고, 맛있는 집 있으면 나와 보라구 그래! - **동해반점**   39

우래옥의 그늘에 가리기는 커녕 날로 세를 불려 나가는 불고기집
 - **보건옥**   44

2. 영양만점, 몸을 생각하여 가는 곳

사장님 인심에 빠지기 시작하면 기둥뿌리 흔들려유 - **해천**   50

설렁탕 끓는 소리에 석촌호도 들썩들썩 - **본가설렁탕**   54

비타민과 데이트 하실래요? - **강촌쌈밥**   58

장어 먹고 힘냅시다! - **남서울민물장어**   63

장안 최고의 국물 맛, 고집스러운 곰탕집 - **하동관**   66

108세 까지 살고 싶다면… - **차이야기**   70

스태미너의 대명사 미꾸라지 - **원주추어탕**   74

3. 이런 맛 처음이야, 독특한 맛

메밀꽃 필 무렵엔 여기에 가고 싶다 - **봉화묵집**   80

바닷고기를 파는 횟집이 아니랍니다. 존스탕을 맛보세요 - **바다식당**   84

금옥만당(金玉滿堂)의 진정한 의미를 보여 드립니다 - **홍복**   88

꿈을 끼운 샌드위치 - **제니스**   92

자장면 집에서 밀면을 판다구요? - **가야밀면**   96

혀가 아릴 정도로 아찔하고 짭짤한 젓갈의 향연 - **성내식당**   100

황해도 전통 음식은 이 손 안에 있소이다 - **풍년명절**   105

그렁치라는 물고기를 아시나요? - **소양강**   110

4. 저렴한 가격, 부담없이 가는 곳

가격은 싸도 복국 맞다니까요 - **동해복국**　116

국수 먹는 배는 따로 있다니까요 - **옛집**　120

기사식당이 맛있다고 소문난 이유 - **송가네감자탕보쌈**　124

소갈비가 아니라구요? - **양화정**　128

이렇게 팔아도 밑지지 않나요? - **차돌집**　132

런닝셔츠와 막국수의 상관관계 - **고성막국수**　136

라멘이 라면이라는 편견은 버려! - **겐조라멘**　140

대학로를 지키는 오징어 파수꾼 - **은성오징어보쌈**　144

생태인줄 알았지롱? - **부흥동태탕**　147

추억을 먹는 노란 도시락! - **진미락도시락**　152

5. 주말이다, 가족과 함께 행복 찾기

다람쥐가 먹을 도토리가 남아날까? - **도토리마을**　158

풀코스로 즐기고도 부담 없는 가격 - **라리에또**　162

패밀리 레스토랑의 엔터테이너 - **로젠브로이**　166

또 오지 않고는 못 배길걸? - **우래옥**　170

강바람 속의 숨쉬는 두부 한 모 - **디딤돌숨두부**　174

솜씨 좋은 종가집의 내림 손맛 그대로 … - **목포집**　178

기분까지 맛있어 더 행복한 집 - **쭈꾸미숯불구이**　182

초강력 울트라 가격대비 성능 - **하나샤브정**　186

별의별 보양 닭 요리 - **우슬이네**　190

6. 오랜만에 만난 친구들과 함께 정담 나누기, 해장하기

소주를 부르는 마약, 굴 - **김명자굴국밥**　196

참새가 방앗간을 그냥 지나갈 수 있나요? - **녹두촌빈대떡**　200

추억 속의 볶음밥, 그 탱글탱글한 매력! - **서궁**　204

2000년 전부터 만들어진 저장 식품의 대명사, 소시지 - **가빈스소시지**　208

위풍당당 콩나물 해장국 - **완산정**　212

이렇게 맛있는데도 오리고기 안 드실래요? - **조원**　216

35년 전통의 양곱창 요리 전문점의 후한 인심 - **기와집양곱창센터**　220

점심엔 동태국, 저녁엔 소주 안주 삼아 동태찌개 - **연지얼큰동태국**　224

징하디 징한 전라도의 숨결을 느껴 보세요 - **순라길**　227

7. 생일파티·기념일 등을 위한 특별 코스

2만원으로 즐기는 한 낮의 여유 - **진사댁**   234

7000원 + 5000원 + 10000원 + 3000원 + 6000원 = 18700원!
 - **나무와 벽돌**   238

짠돌이 놀부가 선보이는 유황먹인 오리 - **놀부유황오리진흙구이**   242

바닷가재와 200g의 비밀 - **바닷가재가리비집**   246

회전초밥의 무한 미각 - **스시노미찌**   251

살랑살랑 흔들어 샤르르 넘기는 맛 - **샤르르샤브샤브**   256

뉴요커다운 여유를 부리며 식사하고 싶을 때 'AVENUE 1' - **애비뉴원**   260

100% 자연산 해산물을 자랑하는 구보다스시 - **구보다스시**   264

8. 추억이 담긴 곳, 오랜 전통을 자랑하는 곳

부드러운 북어국의 날카로운 일침, "숙취야, 물렀거라!"
 - **무교동북어국집**   270

굴 순두부 완전정복 40여년! - **정원순두부**   274

외국 바이어들에게도 인기 짱! - **춘천옥**   278

마음 놓고 먹다가는 지갑을 던지고 나와야 하는 장어집 - **장추**   282

24시간 손님이 끊이지 않는 떡갈비 전문점 - **동신떡갈비**　286

펄펄 끓는 50년 전통의 콩나물국밥 - **전주한일관**　290

고향의 손맛을 잊지 못해 찾아오는 실향민 1, 2 세대들의 아지트
 - **개성집**　294

앉을 수 있으면 앉아 보시지요 - **연남식당**　298

50년 냉면사랑 - **평래옥**　303

60년이 넘도록 종로를 지킨 터줏대감 소꼬리 - **영춘옥**　308

9. 다른 나라 음식이 먹고 싶을 때

발리에서 생긴 일? - **발리**　314

초밥의 신선도와 균일 가격은 눈과 입을 바쁘게만 하고 - **삼전초밥**　318

젊음의 거리에서 '꿈' 을 파는 작은 식당 - **소노**　322

강추! 이태리 식당 풀코스. 가격 저렴. 분위기 짱! - **푸치니**　326

퐁듀, 그 진하고 쌉쌀하고 강렬한 맛 - **앤치즈**　331

퍼와 꼼만 알아도 베트남에서 굶어 죽을 일은 없다 - **리틀사이공**　336

한국 고추보다 4배는 더 매운 태국 고추 - **리틀타이**　340

다 먹을 수 있으면 돈 안내도 다이죠부! (괜찮아요!)
 - **라멘 81번옥**　344

후덕한 인심과 친절한
써비스에 끌리는 곳

Part 1

- 밥이야기
- 몽대
- 자린고비
- 해남갈비
- 옛날보리밥집
- 원조밀리네해물잡탕
- 동해반점
- 보건옥

1 밥이야기

전설의 백반을 먹을까? 신들린 백반을 먹을까?

가수 진미령은 노래 부르는 것이 본업이지만 소문난 식도락가이기도 하다.

몇 년 전 우연히 '가요 콘서트' 녹화 스튜디오에서 그녀를 만나게 되었는데 "인사동 한 켠에 백반 집을 냈다"고 했다. "언제 먹어도 지겹지 않은 밥집을 만들어 보겠다"는 것이 그녀의 주장인데 만만치 않은 눈썰미와 손맛으로 무장을 한 자그마한 그녀의 가게는 늘 손님들로 북적댄다.

사실 인사동에서도 외진 곳에 자리 잡고 있는 그녀의 가게를 찾기란 그리 쉬운 일이 아니지만 '밥이야기'는 사람들의 입소문을 타고 오늘도 당당하게 인사동을 주름잡고 있다.

가게에 들어서면 가장 먼저 눈에 띄는 것이 벽을 따라 덕지덕지 붙어 있는 A4 용지의 메뉴판이다.

〈전설의 백반, 신들린 백반, 진지한 도시락, 지져진 두부〉 등 광고 카피를 생각나게 하는 재치 있는 이름들. 남편인 전유성 씨가 직접 고안한 이름들은 배고픈 손님들의 엔돌핀을 자극한다.

5,000원 밖에 밥값을 받지 않는데도 국을 포함해 11가지나 되는 반찬이 상에 오른다. '전설의 백반'이 이에 해당되고, '신들린 백반'은 1,000원이 더 비싸지만 제육볶음이나 불고기, 오징어볶음 중에서 한 가지를 더 골라 먹을 수 있다.

주문을 마치면 10가지 반찬이 테이블을 덮는다. 그리고 밥과 소고기무우국을 내온다. 계절에 따라 그리고 주방장의 마음에 따라 달라지는 반찬들은 손맛이 그만이다.

밑반찬에 손을 대기 전에 국을 한 모금 마시는데 국물 맛이 어찌나 진한지…. 시원한 국물 속에서 씹히는 소고기가 쫄깃하고 푹 익은 무는 입 안에서 보드랍게 맴돈다. 반찬 한 가지 한 가지가 정갈하고 깔끔하다.

계란말이도 조직이 탄탄하다. 계란의 함량이 적으면 쉽게 풀어지고 중간에 기포가 들어가는데 통통한 모양새가 마음에

후덕한 인심과 친절한 써비스에 끌리는 곳

밥이야기

늘씨미와 손맛으로 무장을 한 진미령의 백반집은 늘 손님들로 북적댄다. 주문을 마치고 나면 10가지 반찬이 테이블을 덮고 밥과 소고기무우국을 내온다.

쏙 든다. 매끄럽고 고소한 계란의 향이 입 안을 즐겁게 한다.

밥을 한 숟가락 입에 넣고 이번에는 미역볶음으로 젓가락을 옮긴다. 기름기가 좔좔 흐르는 미역은 데친 정도가 적당해 씹는 맛이 그만이다. 쫄깃함을 과시하는 미역은 바다 내음을 한껏 머금고 있다. 밥과 함께 먹으면 고소함이 증폭된다.

잔멸치를 달달 볶아낸 멸치 볶음은 달달하면서도 짭짤하다. 밥반찬의 잔재미로 치자면 멸치볶음만한 것이 없음을 새삼 확인하는 순간이다. 밥알들과 뒤엉켜 입 속을 구르면서도 연신 날카로운 꼬리와 머리로 볼과 혀를 찌른다. 달아서 한 숟가락, 짜서 한 숟가락 밥을 넘기다보면 어느새 밥의 반 공기는 달아나고 없다.

고춧가루로 양념을 한 달래 무침은 알싸한 향을 뿜내며 혀를 화끈하게 만든다. 입맛이 없을 때 물에 만 밥과 곁들이면 세상없이 좋을 것 같은 별미다.

이쯤 되면 오징어 볶음이 한 접시 상으로 날라진다. 세 가지 중 한 가지 요리를 선택해야 되는 고통이 따르지만 많은 사람들이 오징어 볶음을 고른다. 잠시지만 늘 반복되는 이 고통을 줄이기 위해서는 혼자 보다는 서넛이 방문을 해 요것조것 시켜 먹는 편이 유리하다.

새빨간 고추장과 물엿으로 범벅이 된 오징어 볶음은 매운맛보다는 단맛이 훨씬 강하다. 통통하게 살이 오른 오징어는 입 속에서 몰캉몰캉 씹히면서 육즙을 내뱉는다.

밥을 한 공기 더 추가할 생각이 아니라면 나머지는 자극적이지 않은 무생채, 콩나물, 두부 지짐으로 마무리 하는 것이 편하다.

선택적 메뉴인 제육볶음이나 불고기는 비록 최고급 상등육은 아니지만, 지지고 볶아 솜씨를 발휘한 덕분에 감흥은 상등육에 못지 않다.

반찬을 더 달라고 말하기도 전에 "모자란 것 없냐"며 상 위에 시선을 꽂고 눈 시중을 드는 맛있고 편안하고 유쾌한 밥집이다.

MENU

전설의 백반 5,000원	진지한 도시락 5,000원	계란말이 3,000원
신들린 백반 6,000원	지져진 두부 6,000원	

INFORMATION

· 전화번호 : 02 - 736 - 0180   · 영업시간 : AM 10:30 ~ PM 9:30
· 위   치 : 종로 2가 탑골 공원을 오른쪽에 두고 직진하다 낙원상가가 끝나는 지점에서 좌회전 한 후 50m 더 가면 있는 왼쪽의 작은 골목 안
· 주   차 : 인근 유료주차장

후덕한 인심과 친절한 써비스에 끌리는 곳

2 몽대

주꾸미 요리의 메카

그룹사운드가 희귀하던 시절 송골매는 나의 우상이었다. 노래도 신이 났지만 한참 기타를 배우던 때라 멤버 중에서도 배철수 형을 특별히 좋아 했었다. 부모님을 조르고 졸라 남대문 시장에서 물들인 미군 '야상' (전투복 야전 상의)을 사 입고는 온갖 폼을 잡으며 거리를 활보하고 소풍을 가면 어줍잖은 노래실력으로 송골매의 노래를 모창했다.

그러던 어느 날 배철수 형이 쓰러졌다. TV를 보고 있던 나는 파지직하며 기타를 타고 들어가는 스파크를 보았고 잠시 후 그는 스튜디오 바닥에 쓰러졌다. 감전사고였다. 시간이 흐른 뒤 송골매는 해체되었고 멤버들은 뿔뿔이 흩어졌다. 그리고 나도 송골매와 미군 야상으로부터 멀어졌다.

시간이 얼마나 지났을까? 내가 프로듀서가 된 뒤의 일이다. 당시

나는 뽀뽀뽀를 연출하고 있었는데 작가들과 회식을 하러 들른 자리에 형이 앉아 있었다. 자리에 앉으며 "죄송합니다. 방석 좀…"하고 말을 걸자 앉아 있던 그가 돌아서며 "여기 있습니다"하고 말했다. 그 다음은 무슨 말을 해야할지 생각이 나지 않았고 형은 이내 고개를 돌렸다. "말을 하고 싶지만 자신이 없어 내 마음은 두근 두근~" 더이상 아무 말도 주고 받지 못했지만 그래도 행복했다.

내 등 뒤에 형이 앉아 있어서였을까? 소주를 마시는지 물을 마시는지 모를 정도로 들이부었고 결국 거나하게 취하고 말았다. 이런 인연으로 자주 찾게된 집이 바로 몽대다.

몽대는 여의도 일대에서는 '주꾸미 요리의 메카'로 불릴 만큼 맛과 질이 뛰어나다. 서해안 최대의 주꾸미 집산지인 '몽대 포구(浦口)'의 친척 어른으로부터 고정적으로 주꾸미를 공급받기 때문에 신선도가 유난히 뛰어나다.

사람들이 이 집을 찾는 이유는 '주꾸미 샤브샤브' 때문인데 술 안주뿐만 아니라 숙취해소용으로도 그만이다.

커다란 냄비에

몽대

서해안 최대의 주꾸미 집산
지인 '몽대 포구(浦口)'에서
직접 가져오는 주꾸미 덕에
유난히 뛰어난 신선도와 주
인 아주머니의 넉넉한 인심
이 어우러져 있는 곳

홍합을 하나 가득 내오는 것으로부터 요리는 시작된다.

뽀얀 홍합육수와 주홍빛 속살은 입맛을 돋우는데 훌륭한 역할을 한다. 두 손으로 홍합살을 까먹다보면 샤브샤브 접시가 상에 오른다. 깨끗하게 손질된 주꾸미와 맛조개, 새우 등의 해산물이 푸짐하고 팽이버섯과 대파가 싱싱하다.

불을 올리고 물이 끓기 시작하면 야채를 먼저 넣고 숨이 죽기를 기다려 건져 먹는다. 필자가 개발한 방식인데 이렇게 먹기 시작해야 쉬 물리지 않고 육수에 야채의 단맛이 배어든다.

그 다음은 새우와 맛 조개를 넣고 익기를 기다리는 사이에 주꾸미를 살짝 데쳐 먹는다. 몸통을 배배 꼬며 오그라들기 시작하면 속으로 다섯까지만 세고 꺼내야 질기지 않은 주꾸미를 즐길 수 있는데 씹을수록 단맛이 줄줄 흐른다. 정말 '게눈 감추듯 사라진다' 는 표현이 딱 알맞을 정도로 순식간에 한 접시가 사라진다.

식사는 두 가지 중 하나를 골라 먹는 재미가 있다. 하나는 샤브샤브 육수에 소면을 넣어 끓이는 것이고, 또 다른 한 가지는 볶음밥이다. 두 가지 다 맛있지만 아무래도 소면 쪽의 손을 들어주고 싶다. 육수에서 배어 나오는 바다 내음이 각별해 국수가 별나게 느껴진다.

또 한 가지 별미는 주꾸미 양념 철판구이다. 철판 위에 벌겋게 양념한 야채와 주꾸미를 듬뿍 넣고 볶아 먹는데 보드랍게 씹히는 주꾸미와 양념은 환상적인 궁합을 만들어 낸다.

다 먹고 나면 밥을 볶아 주는데 주꾸미를 싫어하는 사람들도 이 볶음밥에는 환호를 보낸다.

부둣가 횟집의 회국수를 연상시키는 비빔국수는 매콤한 양념에 국수와 야채, 주꾸미를 넣고 비벼 주는데, 맛이 아주 좋다.

천장이 낮고 테이블마다 불을 지피다보니 열이 이만저만이 아니지만 누구 하나 불평을 하는 사람이 없다. 퍼주기 좋아하는 주인과 질 좋은 주꾸미 그리고 손님들을 식구처럼 대해주는 아주머니들이 있어 음식 맛이 더욱 각별하다.

부족함보다는 넉넉함이 짙게 묻어나는 곳, 투박하지만 소중하게 느껴지는 곳, 그래서 내겐 아지트 같은 곳이다.

MENU

주꾸미샤브샤브　　25,000원　　　　주꾸미철판구이　25,000원

INFORMATION

· 전화번호 ： 02 - 784 - 5347
· 영업시간 ： AM 11:30 ~ PM 2:00 / PM 5:00 ~ PM 11:00
· 위　　치 ： 여의도 증권거래소 건너편 신송빌딩 지하
· 주　　차 ： 빌딩 앞 2 ~ 3대 주차 가능

후덕한 인심과 친절한 써비스에 끌리는 곳

3 자린고비

자린고비가 짜다구요? 천만에요 

　사람들로 문전성시를 이루는 식당들의 비결은 다양하다. 그중에서도 가장 중요한 것은 두말 할 나위 없이 맛이다. 질 좋은 재료에 양념을 충분히 넣고 거기에 손님들을 향한 정성까지 곁들인다면 조리 과정을 보지 않아도 손님들이 광신도들처럼 몰려든다. 그러나 좋은 재료에 갖은 정성을 기울인다 해도 가장 중요한 손맛이 빠져 있으면 제대로 된 맛을 기대하기 어렵다.

　두 번째 요소는 가격이다. 맛있는 음식을 비교적 싼 가격에 먹을 수 있다는 점은 상당한 매력 포인트다. 그러나 무조건 가격이 싸다고 손님들이 몰리지는 않는다. 손님들이 원하는 것은 이유 없는 저렴함이 아니라 건강이나 맛을 고려한 가격대비 성능인 것이다.

　세 번째는 친절한 써비스나 특별한 재미가 있어야 한다. 최고로 맛있는 집이 아니더라도 넘치는 친절과 웃음으로 무장을 한다면 기분 좋은 식사를 위해 충분히 줄을 설 의지가 생긴다.

이 세 가지 요소를 모두 갖추고 있는 집이 바로 자린고비다.

자그마한 구멍가게 수준으로 시작한 이 집의 간판 메뉴는 황태국과 황태구이다. 이른 아침부터 해장을 하려는 술꾼들로 북새통을 이루고, 점심과 저녁에는 황태구이를 찾는 손님들로 지하 식당가는 꼬리에 꼬리를 문다.

일반적으로 돈이 벌리기 시작하면 친절과는 거리가 좀 멀어지기 마련인데 이 집은 예외다. 줄지어 선 손님들의 주문을 받느라 미안해서 어쩔 줄 몰라 하던 초창기의 모습과 크게 달라지지 않았다. 오히려 손님 쪽에서 호닥거리는 아주머니들을 보며 안쓰러워하는 정이 묻어 있는 곳이다.

쓰린 속을 달래는 데는 황태국 만한 것이 없다. 고춧가루를 왕창 풀어서 주독을 빼내는 거친 방식이 아니고 뽀얗게 우린 보드라운 국물로 속을 살살 달래준다. 뜨거운 국물이 어제 저녁 소주가 쓸고 간 자리를 타고 내리며 숙취를 닦아준다. 밤새 묵었던 알코올 기운이 국물이

후덕한 인심과 친절한 써비스에 끌리는 곳

들어간 자리만큼 밖으로 쏟아져 나온다. 두부를 살살 굴리며 무감각해진 혀를 깨운다. 바닥에 깔린 황태는 질김이 전혀 없다.

점심시간에는 뭐니뭐니해도 황태구이정식이 제격이다. 겁이 날 정도로 뜨겁게 달군 철판 위에 큼지막한 황태 한 마리를 통째로 구워 내준다. 머리까지 치자면 족히 25cm에 가까운 크기라 웬만한 남자 손님들도 남기는 경우가 많다. 고추장과 설탕으로 간을 한 황태구이는 떡볶이처럼 새빨갛다. 지글거리며 철판 위에 누워 있는 녀석을 젓가락으로 조금씩 분해해 살을 헤치면 보기 좋게 덩어리진다.

호호 불어 열기를 빼내고 입에 넣으면 간이 잘 밴 황태살이 자잘하게 부서진다. 매콤하면서도 달달한 이 맛에 반해 줄 서 있는 손님들의 눈치도 아랑곳하지 않게 된다.

황태구이에 곁들여지는 황태국은 그릇은 작지만 황태국과 똑같은 국물을 내오기 때문에 한 번만 더 추가해서 먹으면 두 가지를 한꺼번에 맛보는 결과가 된다. 그래서 6,500원이라는 가격이 전혀 부담스럽지 않은지도 모르겠다.

자린고비는 밑반찬 역시 앙그러지다. 보기에도 맛깔스럽고 푸짐한 대여섯 가지의 반찬이 매일매일 바뀌는데 한 가지도 맛없게 먹은 기억이 없다. 주인아주머니가 간을 맞추고 직접 반찬을 해대는데 입에 척척 들러붙는 맛에 혀를 내두를 정도다.

아삭거리는 사과를 듬뿍 넣어 시원함을 더 해주는 샐러드, 숨이 죽은 땅콩이 멸치와 어우러지는 멸치땅콩조림, 싱싱하고 칼칼한 열무김치, 새우젓으로 간을 한 호박볶음 등 참신하고 기발한 아이디어들로 구색을 맞춘 반찬 덕분에 언제나 냠냠하게 된다.

벽에 붙은 하얀 타일만큼이나 정갈하고 산뜻한 인상을 주는, 흥행의 삼박자를 고루 갖춘 여의도의 명소다.

MENU

〈아침〉
황태국 3,500원   시래기국 3,500원

〈점심 · 저녁〉
황태국 5,000원   시래기국 5,000원   황태구이정식 6,500원

INFORMATION

· 전화번호 : 02 - 786 - 8307
· 영업시간 : 평일 AM 7:00 ~ PM 8:30 / 토요일 AM 7:00 ~ PM 3:00
· 위   치 : 5호선 여의도역 3번 출구로 나와 50m 직진 후 우회전,
　　　　　　 SK 주유소 앞 동양증권 빌딩 지하
· 주   차 : 가능

후덕한 인심과 친절한 써비스에 끌리는 곳

4 해남갈비

**까마귀를 훔친 물고기(오징어)의
21C 변신**

오징어의 옛 이름인 오적어(烏賊魚)는 재미있는 의미를 가지고
있다. 까마귀(烏)를 훔치는(賊) 물고기(漁). 동의보감을 비롯한 자
산어보, 규합총서 등의 서적에 등장하는 오적어는 영악하기 그지없
는 생물이다.

'물 위를 부유하다 까마귀를 보면 죽은 척 위장을 하고 있다가 까
마귀가 다가오면 낚아채서 바다 속으로 끌고 들어가 잡아 먹는다'
는 글이 있는가 하면, '오징어 먹물로 쓴 글씨는 해가 바뀌면 종이
위에서 사라지는 요술을 부린다' 는 기록도 있다.

오랜 시간 우리 곁에서 좋은 먹거리의 대상이었던 오징어가 이제
는 금값이다. 성수기를 지난 탓도 있겠지만 어획량 자체가 급감한
것이 가장 큰 원인이다. 동해의 어부들은 오징어 만선의 추억을 잊

지 못한다. 그리고 ‘물 반 오징어 반’ 이었던 시절의 호사스러운 생
활을 추억하며 허탈한 웃음을 담배 한 대에 날린다.

　촬영을 위해 오징어 배에 동선했던 날은 바람이 거셌다. 미친 듯
이 요동치는 뱃전에 의탁해서 얼굴을 때리는 차가운 물줄기가 빗물
인지 바닷물인지조차 확인할 수 없던 지옥 같은 시간이 지나가고
아무 일 없었다는 듯이 동이 터 올랐다.

　삶의 현장에서 퍼 올린 생활의 발견이란 것이 바로 이런 것일까?
깊게 팬 주름 위에 얹힌 바다사내들의 미소처럼 투박한 산 오징어
한 점과 시뻘건 초고추장, 그리고 소주 한 잔. 지금도 가끔씩 그 날
의 기억이 어렴풋이 피어오르면 찾아가는 곳이 있다. 바로 ‘해남갈
비’ 이다.

　20여 년 전 만해도 오삼불고기라는 메뉴보다는 오징어 불고기가
훨씬 유명했었다. 또 지금처럼 가스버너에 올린 호일 위에서 구워

주는 방식이 아니
라 연탄불 위에 석
쇠를 걸고 구워주
는 집들이 대부분
이었다. 이 맛을
못 잊는 식도락가
들은 오징어 불고
기를 찾기 시작했

해남갈비

고추장의 칼칼함을 삼겹살의
기름이 덮어주고, 삼겹살의
느끼함은 고추장이 개운하게
해소해 주는 오삼주물럭

고 결국 해남갈비의 '오징어 주물럭' 으로 그 갈증을 풀어왔다.

25년이라면 그리 짧지 않은 시간이지만 오징어 주물럭에 대해서만은 그 누구에게도 최고의 자리를 양보하지 않는 집이다. 커다란 철판 위에 호일을 깔고 고추장 양념한 오징어를 두른 다음, 윤기 나는 파 무침과 콩나물을 수북이 넣고 함께 볶는다. 지글지글 익어가는 시뻘건 고추 양념이 겁을 주지만 생각처럼 맵지 않다.

오징어 살 속에 간이 배도록 하는 것은 그리 쉬운 일이 아니다. 조직 자체가 단단해서 오랜 시간 졸이지 않으면 맛이 겉돌기 쉽다.

손님상에서 단박에 구워내기 위해서는 특별한 노하우가 필요한데 이 집에서는 야채를 이용한다. 자칫 심심해지기 쉬운 오징어의 맛을 파, 콩나물 무침이 진하게 보조해 준다.

감아올리듯 한 젓가락 쥐고 맛을 보면 웃음이 절로 나온다. 그다지 진하지 않은 양념인데도 '오징어 주물럭' 특유의 단맛이 입 속을 맴돈다. 숨이 죽은 콩나물과 파 무침은 간드러지듯 녹고 구우면서 배가 되는 육질의 탄력은 씹는 재미까지 안겨준다.

1인분의 양이 적다 싶게 느껴지는 것은 튀지 않는 양념 때문이다. 매콤하면서도 달달한 뒷맛이 눈 깜짝할 사이에 한 판을 비우게 만든다.

좀 더 특색 있는 맛을 원한다면 '오삼주물럭'이 좋다. 같은 양념이지만 삼겹살이 들어가 훨씬 기름지다. 고추장의 칼칼함을 삼겹살의 기름이 덮어주고, 삼겹살의 느끼함은 고추장이 개운하게 해소해준다.

추가 주문을 하고 싶어도 꾹 참아야 한다. 볶음밥을 먹을 배는 남겨 두어야 하기 때문이다. '오삼주물럭' 양념에 밥을 넣고 김치, 콩나물, 파 무침을 잘게 썰어 비비듯 볶아준다. 살짝 태워 눌으면 훨씬 고소한 맛이 나는데 여기저기서 누룽지 긁느라 분주하다.

80년대 대폿집 분위기와 아주머니들의 친절한 써비스가 인상적이다. 언론에 몇 번 노출되면 맛이 변하고 써비스가 엉망이 되기 일쑤지만 해남갈비는 언제나 한결같다. 구식 인테리어의 불편함을 상쇄시키기에 어느 것 하나 부족함이 없다.

MENU

오 징 어 주 물 럭 (1인분) 7,000원   오불사 (2인분) 20,000원
오징어 삼겹살 주물럭 (1인분) 7,000원

INFORMATION

· 전화번호 : 02 - 794 - 5409   · 영업시간 : AM 10:00 ~ PM 11:00
· 위   치 : 지하철 6호선 한강진역 3번 출구,
              단국대학교 근처 SK 주유소 골목 안
· 주   차 : 가능

후덕한 인심과 친절한 써비스에 끌리는 곳

5 옛날보리밥집 _(구오죽헌)

추억 속에 살아나는 혼·분식 장려운동

살기 좋아진 지금이야 비만이 걱정되어 혼식을 권장하지만 없이 살던 60, 70년대에는 쌀이 모자라 혼식을 장려하고 또 강제했었다. 쌀 생산량이 턱없이 부족하던 시절 식량부족 때문에 벌어진 웃지 못할 일들은 하나 둘이 아니었다.

식품접객업소의 혼분식을 강력히 추진하고 이를 위반한 업소에 대해서는 영업정지처분 같은 강력한 제재를 가하던 서슬 퍼렇던 시기. 업소들뿐만 아니라 가정에서의 혼분식까지 장려하기 위해 학생들의 도시락 검사가 주간 행사로 벌어지는 우스꽝스러운 해프닝들도 있었다.

지금이야 상상도 할 수 없는 일이지만 그 당시 학생들은 점심시간 전이면 일제히 책상 위에 도시락을 올려 놓고, 뚜껑을 열어 쌀과 보리의 혼합 비율을 검사받는 진풍경을 연출했다. 가장이 보리밥을 좋아하는 집안이야 별문제가 안됐지만 보리밥의 까칠한 질감에 알레르기 반응을 보이는 집에서는 자녀들의 보리 혼식 도시락을 준비하기 위해 새벽마다 두 번씩 밥을 짓는 서글픈 코미디가 연출되곤 했었다.

보리는 쌀에 비해 식생활에서 부족하기 쉬운 여러 가지 비타민류, 무기성분, 필수 아미노산이 풍부할뿐더러 장의 연동운동과 소화를 돕고, 지방산 콜레스테롤 등 유해 물질을 흡착하여 배설시키는 역할도 수행하는 훌륭한 곡식이다.

집에서 매일 해먹는 것이 불편하다면 보리밥집 하나 정도는 알아두는 것도 도움이 된다. 서초동 일대에서 입 소문을 통해 탄탄한 인기몰이를 하고 있는 옛날보리밥집은 건강식을 찾는 사람들로 늘 초만원이다.

전 종류도 있고 술 안주거리도 다양하게 준비되어 있지만 보리밥 정식의 인기를 누르기에는 역부족이다. 식사의 구성은 전반부와 후반부로 나뉜다.

10여 가지 쌈 채소와 쌈장, 동치미, 오징어 젓갈,

김 가루, 겉절이 그리고 노란색이 현란한 조밥이 우선적으로 서빙된다.

인절미처럼 한 덩이 퍼주는 조밥은 노란 꽃이 만발한 듯 화려한 외모부터가 아주 특별한 식감을 던져준다. 쌈 채소에 조밥을 살짝 올리고 쌈장을 발라 입에 물면 아삭한 채소 사이로 보드랍고 매끌거리는 조밥이 고개를 내민다. 알알이 퍼지는 조밥의 질감이 이채롭다.

겉절이도 이 집의 명물이다. 쌈에 쓰이는 채소들을 적당한 크기로 잘라 들깨가루와 고춧가루를 넣고 들기름으로 버무렸는데 입맛을 돋우는데 이만한 음식이 있을까 싶을만큼 탁월한 맛이다.

쌈 한 번 먹고 시원한 동치미 국물 한 번 마시고 몇 차례 반복하는 사이 후반전 식사가 시작된다. 새까만 무쇠 솥에 1인분씩 지어내는 보리밥과 콩나물, 호박볶음, 버섯, 시금치, 숙주, 오이무침, 무나물, 취나물, 무생채가 담긴 접시와 된장찌개 뚝배기를 올려 놓으면 테이블 위는 물 컵 놓을 자리가 없을 정도로 가득 찬다.

대접에 보리밥을 박박 긁어 퍼 담고 준비된 나물들을 골고루 두른 후 김 가루와 고추장을 넣고 참기름을 휘휘 둘러 비빌 준비를 끝낸다. 뭔가 아쉽다는 느낌이 들 때는 된장찌개 속에 들어 있는 두부며 호박, 버섯, 우렁 등의 건더기들을 건져 대접에 넣고 함께 비비면 된다. 숟가락을 기울여 한껏 폼을 잡고 비빔밥을 들어올려 한 입 물면 매콤, 고소, 아삭거림의 총체적 미각전이 발발한다.

보리밥 특유의 까칠함은 온데 간데 없고 한없이 촉촉하고 매끄럽다. 밥알 하나 하나의 질감이 살아 숨쉬는 탱글탱글함. 밥알들이 입 안을 구르느라 정신이 없다. '쑥쑥 넘어간다' 는 표현은 보리비빔밥에 붙여야 제격인 수식어임을 다시 한 번 확인하게 된다.

그릇을 다 비우고 나면 배가 빵빵해지지만 그렇다고 누룽지를 남길 수는 없는 일. 구슬 아이스크림처럼 입 안을 맴돌다 씹을 틈도 없이 넘어가 버리는 보리밥알들이 식사의 대미를 장식한다.

처음 식당을 들어서 메뉴판을 볼 때는 보리밥 1인분에 6,000원이라는 가격이 조금은 부담스럽게 느껴지지만, 식사를 마치고 계산대 앞에 서면 푸짐한 고향의 손맛에 인사라도 하고 싶을 정도다.

MENU

보리밥정식 6,000원

INFORMATION

· 전화번호 : 02 - 594 - 1124~6   · 영업시간 : AM 10:00 ~ PM 9:00
· 위   치 : 2호선 교대역 4번 출구로 나오자마자
            첫 번째 골목에서 좌회전 후 200m 직진
· 주   차 : 가능

흑덕한 인심과 친절한 써비스에 끌리는 곳

6 원조밀리네해물잡탕

정약전 선생도 울고 갈 해물탕 맛의 비밀

유배생활 중 지금의 흑산도를 '자산' 이라 칭하며 근해의 수산물들을 기록한 정약전의 저서가 '자산어보' 다. 최고의 어류학 전문서적인 이 책에는 수산동식물 227종에 대한 습성은 물론이고 형태와 명칭, 맛과 약효까지 상세히 기록되어 있다. 1943년 여러 사본을 비교하여 종합 정리한 한글본을 읽고 있노라면 치밀한 관찰력에 혀를 내두르게 된다.

더위에 치친 소에게 먹인 낙지, 임산부의 병을 고친다는 미역, 장이 깨끗해지고 술을 해독한다는 홍어 등 바다에서 나는 풍부한 먹거리들이 감칠 맛 나게 묘사되어 있다.

정약전 선생이 저서에서 언급한 다양한 수산물들을 한 번에 즐길 수 있는 음식이 바로 해물탕이다. 불로 조리를 하는 것은 일반 육고기와 다르지 않지만 설렁탕이나 곰탕처럼 은근한 불에서 하루 종일 푹 고는 것이 아니라, 신선한 재료들을 냄비에 가득 넣고 센 불에서 화끈하게 끓여 내는 것이 해물탕의 맛을 내는 절대 포인트다.

해물탕의 맛을 좌우하는 최고의 기준이라면 해물의 선도를 들 수 있겠지만 손질을 어떻게 하느냐에 따라서도 맛이 달라진다.

새우는 등 쪽에 자리 잡고 있는 검은 색의 내장을 이쑤시개로 빼내야 고소한 맛을 유지할 수 있고, 오징어는 질깃한 껍질을 벗겨야 텁텁함을 피할 수 있다. 해감이 생명인 조개는 탁해진 소금물을 깨끗이 갈아줘야 끝까지 단맛이 배어 나온다.

매서운 칼바람이 불기 시작하면 손님들로 미어터지는 '원조밀리네해물잡탕'을 자주 찾는다.

이대 전철역 5번 출구에서 나와 왼쪽 골목으로 100m쯤 걸으면 '원조밀리네해물잡탕'을 발견할 수 있다. 가게의 겉모습만 보면 어수선해 보이지만, 일단 가게로 들어서면 5분도 안돼 즐거워진다.

정육점에서 쓰는 것 같은 속이 훤히 들여다 보이는 냉장고 안에는

원조밀리네해물잡탕

꽃게, 새우, 조개, 미더덕,
홍합, 소라 등 뚜껑이 덮이
지 않을 정도로 가득 내오는
해산물은 종류와 양에서 단
연 으뜸이다.

소쿠리 가득 꽃게며 새우, 조개, 미더덕, 홍합, 소라 등이 넘칠 듯 담겨 있다.

탱탱하고 윤기가 흐르는 푸짐함에 군침이 절로 돈다. 게다가 〈서산 꽃게만을 사용한다〉는 아크릴 안내판이 메뉴판 옆에 큼직하게 붙어 있어 마음까지 든든해진다.

뚜껑이 덮이지 않을 정도로 가득 내오는 해산물은 종류와 양에서 단연 으뜸이다. 가격을 고려해 볼 때 이만한 가격에 이만큼의 양을 내는 집은 그리 많지 않다. 아니 거의 없다고 확신한다.

냄비 속의 해물탕이 바글바글 거품을 내며 끓어오르기 시작하면 잽싸게 미나리를 건져내 입에 넣는다. 알싸한 향이 코 끝을 자극하면 조바심이 나기 시작한다.

"어떻게 하면 해물탕을 맛있게 먹을 수 있냐?"는 질문을 종종 받는데 그 해답은 먹는 순서에 있다.

야채를 건져 먹었으면 그 다음은 낙지의 차례. 뜨거운 물에 머무는 시간이 조금만 길어져도 질겨지고 바닷내가 지독해지는 특성상 시간 포착을 잘 해 얼른 건져 먹어야 한다.

야리야리한 속살을 깨물며 젓가락을 휘휘 저어 이번에는 도톰한 오징어를 끄집어낸다. 낙지와는 다른 쫄깃함이 은근히 다가선다.

홍합의 오렌지 빛 속살을 도려내고, 맛살을 벌려 쪽쪽 빨고, 껍질이 빨갛게 변하면서 쪼그라드는 새우를 잡아 살을 발라낸다. 손가락에 묻은 국물을 핥으랴 뒤통수로 흐르는 땀을 닦으랴 행동이 무척이나 바빠진다.

해물탕은 이것저것 골라 각기 다른 질감을 탐닉하며 씹는 재미가 탁월하지만 그 중에서도 미더덕을 따를 만한 것이 없다. 해물탕 국물을 고스란히 빨아들인 미더덕은 시간이 지날수록 몸집이 빵빵하게 불어 오른다. 선수들이야 별 문제가 없지만 초보들은 각별한 주의가 필요하다. 마음의 준비도 없이 섣불리 덤볐다가는 '툭' 하고 터지는 국물이 혀를 마비시킬지도 모른다. 일단 입 안으로 옮기고 나서 살살 굴리다가 한 쪽 귀퉁이를 바늘 구멍만한 크기로 흠집을 내 슬며시 국물을 흐르게 한 다음 열기가 식었다 싶으면 와자작 씹어재낀다. 꼬독꼬독 씹히며 토해내는 바다의 향미는 초라해 보이는 외모와는 달리 화려하고 진지하다.

국물을 한 숟가락 떠 넣으면 복잡 미묘한 해물탕 특유의 개운함이 혀를 감싼다. 한 번 먹고 두 번 먹고 자꾸만 먹고 싶어지는 해물탕의 비밀이 여기에 숨어 있다.

'원조밀리네해물잡탕' 의 최고 자랑인 서산 꽃게는 끓이면 그 향과 단맛이 국물에 깊게 배는데 삐져나오는 살을 빼먹는 재미가 일품이다. 어찌나 싱싱한지 껍질까지 바삭거릴 정도로 맛이 좋다.

남은 건더기와 국물을 따라내고 볶아주는 밥을 먹지 않으면 해물탕은 안 먹은 것이나 진배없다. 밥알에 깊숙이 배어드는 해물탕의 진한 맛이 고소하고, 냄비에 눌러 붙은 누룽지를 긁어먹는 재미가 만만치 않다.

　너무나 서민적인 분위기지만 해물잡탕 하나만큼은 어디에 내놔도 손색이 없다. 매일 새벽 주인아주머니가 싱싱한 해산물을 구하러 장에 나가는 덕분에 맛의 편차가 거의 없는 것이 특징이다.

MENU

해물잡탕 (중)	30,000원	꽃게탕/찜(중)	30,000원
해물잡탕 (대)	36,000원	꽃게탕/찜(대)	50,000원
한 치 무 침	10,000원	아 구 탕/찜	30,000원
한 치 냉 면	10,000원	볶 음 밥	1,500원

INFORMATION

· 전화번호 : 02 - 719 - 5113 　· 영업시간 : AM 11:00 ~ AM 12:00
· 위　　치 : 2호선 이대입구 전철역 5번 출구로 나와 골목길로 접어들어 100m
· 주　　차 : 가게 앞 2 ~ 3 대 가능

7 동해반점

이 집보다 싸고, 양 많고,
맛있는 집 있으면 나와 보라구 그래!

　　중국식당의 개점은 임오군란과 그 때를 같이 한다. 중국군을 따라 들어온 중국인들은 호떡집과 국수집을 내고 곁들여서 요리들을 선보여 민초들의 입맛을 사로잡았다. 이후 4대문 안에 고급 요리집들을 잇따라 내고 인천에 차이나타운을 건설하며 본격적으로 그들의 음식문화를 소개했다.

　　그러나 다양한 재료와 조리법을 전수해준 화교들의 공로는 군사정부의 정책과 배타적 인식 때문에 물거품이 되고 말았다. 자장면과 탕수육, 만두로 상징되며 평가절하를 당한 중화요리는 겨우 명맥을 유지하며 반세기 넘게 서민들과 함께 했다.

　　소득의 증대는 잠자고 있던 식욕을 자극했고 신세대들과 조선족 동포의 출현은 다양한 기호와 새로운 시장을 창출했다. 결국 최고

급 호텔의 중식당에서부터 퓨전 레스토랑 심지어는 조선족 가정요
리까지 그 폭이 넓어지고 있어 우리의 혀를 즐겁게 한다.

　국내로 이주했던 중국인들의 대부분은 산동성 출신이다. 산동 요
리의 가장 큰 특징이라면 해삼이 많이 들어간다는 것이다. 거의 모
든 요리에 해삼이 잘게 썰려 들어가든가 심지어는 통째로 조리되기
도 한다.

　바로 이 산동성 출신의 주인장이 38년째 고집스럽게 시흥 대로변
에서 손님들의 입을 즐겁게 해주고 있는데 이름하여 동해반점이다.

　가게 안의 분위기는 거의 20~30년 전의 동네 중국집 모양새를 고
스란히 간직하고 있다. 빨간색이 도드라지는 전통 복장을 한 중국
소녀들의 그림이 벽을 가득 메우고 있고 여기저기 울긋불긋한 장식
들이 매달려 있다.

　중국집에서는 요리를 주문할 때에 자극적이지 않은 것들로 시작
하는 것이 바람직
하다. 달착지근하
거나 매콤한 것으
로부터 출발하면
입 안이 지루해지
기 쉽고 다음 요리
의 맛을 제대로 느
끼기 어렵기 때문

이다.

탕수육, 잡채, 깐풍기, 유산슬, 냉채, 샥스핀, 전가보 그리고 해삼 요리 일체가 준비되어 있다.

술을 한 잔 하기에는 냉채를 선두 주자로 내세우는 것이 좋지만 가족들의 단란한 식사자리라면 누구나 즐길 수 있는 새우 요리가 좋다. 그중에서도 깐풍 새우는 최고의 맛을 자랑하는 메뉴다.

방문을 열고 들어서는 종업원의 손에 들린 접시의 크기를 보면 입이 벌어져 말이 나오지 않는다. 세수 대야만한 접시에 그득 담긴 깐풍 새우는 햇살에 반사되어 표면에 묻은 기름기가 반짝거린다. 반죽 옷을 입혀 튀겨 낸 새우는 불그스름한 속살이 드러나고 마늘 향이 가볍게 밴 소스에서는 꼬물꼬물 향이 피어 오른다.

바삭한 새우를 한 입에 쏙 집어넣고 씹으면 뜨거운 기름이 흐르면서 새우의 육즙이 배어 나온다. 기분 좋은 몰캉거림이 혀 위를 구른다. 특히 기분을 좋게 하는 것은 자극적이지 않은 마늘향이다. 씹는 내내 은은히 퍼지는 마늘 향 덕분에 먹어도먹어도 질리지 않는다.

곁들여지는 중국 부추는 우리 것에 비해 살집이 통통한 편인데, 뜨거운 기름을 뒤집어 쓴 부추를 살짝 씹으면 고급스러운 향이 폭하고 터진다. 별도로 한 접시 주문하고 싶을 정도로 탐스러운 맛을 간직하고 있다.

반면에 간소 새우는 마늘 대신 고추기름과 토마토케첩을 넣고 볶아내는데 새콤달콤하면서도 기름기가 덜해 아이들이 좋아한다.

중국집 해산물 요리의 맛을 평가하는데 가장 효과적인 것이 바로 '잡탕'이다. 각종 재료들을 집어넣고 기름에 볶아내는 잡탕을 기본으로 고추기름을 넣어 매콤함을 가미하면 팔보채, 전복을 듬뿍 동행시키면 전가보가 되는 까닭에 늘 기본은 잡탕에서 찾아 볼 수 있다.

해산물로 뒤덮인 접시는 철철 넘칠 정도다. 무려 10여 가지의 바닷속 생물들과 버섯들이 재료로 쓰이는데 대충만 열거해도 해파리, 표고버섯, 죽순, 가이바시라, 주꾸미, 새우, 조개, 해삼, 오징어, 소라 등…. 온갖 맛있는 식재료들의 향연이 펼쳐진다. 물론 부추도 듬뿍 들어 있다.

잡탕은 갖가지 재료의 씹는 맛과 고추기름으로 먹는 요리다. 자극적이지 않은 소스 덕분에 재료는 각각의 고유한 향을 간직하고 있는데, 약간 심심하게 느껴지는 것이 오히려 고추기름을 찍어 먹기에 적당하다. 진하게 퍼지는 고추기름의 매끄러움이 해산물들과 어울려 비명을 지를 정도의 조화를 이루어낸다.

배가 빵빵하게 불러 올라도 빼놓지 말아야 할 식사 메뉴가 바로 '완자밥'이다. 웬만해서는 찾아보기 힘든 메뉴인데 난자완스에 쓰이는 완자와 소스를 볶음밥과 곁들여 내준다. 특이한 것은 계란후

라이가 반숙으로 따라 오른다는 사실이다. 보통 안주로 내놓는 크기의 커다란 완자 예닐곱 개가 갖은 야채와 함께 밥 위에서 뒹구는데 별미 중의 별미다. 잘 튀겨진 완자가 소스에 젖어 촉촉하게 씹히면 돼지고기 특유의 향은 온데간데 없이 사라지고 보드라운 담백함이 입 안 가득 퍼진다. 중간에 계란의 노른자를 풀어서 섞어 먹으면 고소함이 배가된다.

형언하기 힘들 정도로 담백하고 실력 있는 손맛을 자랑하는 동해반점은 만족도가 높다보니 두 손을 다 올려주고 싶은 심정이 들 정도다.

MENU

간소새우 22,000원	잡 탕 22,000원	냉 채 8,000원 ~ 45,000원
깐풍새우 22,000원	전 가 보 35,000원	완자밥 7,000원

INFORMATION

· 전화번호 : 02 - 832 - 4430   · 영업시간 : PM 12:00 ~ PM 9:30
· 위   치 : 강남 성심병원에서 시흥대로를 타고 구로공단역 방향으로 500m 직진. 우측에 위치
· 주   차 : 가능

후덕한 인심과 친절한 써비스에 끌리는 곳

8 보건옥

우래옥의 그늘에 가리기는커녕
날로 세를 불려 나가는 불고기집

　한가한 토요일 오후, 아내와 아이들을 동반하고 할인마트에 가면 가장 쏠쏠한 재미가 느껴지는 곳이 시식 코너다. 제대로만 계획을 짜고 동선을 잡는다면 시식만으로도 한 끼를 해결할 수 있을 정도로 종류가 다양하다.

　카트를 끌고 제일 먼저 달려가는 곳은 건빵만한 사이즈로 식빵을 잘라 스프레드 치즈를 발라주는 치즈 코너. 눈치가 보이지만 온 식구가 하나씩 입에 물고 오물거리기에 이만한 스타터는 없다.

　치즈 냉장고를 지나 코너를 돌면 아내가 좋아하는 커피 코너가 대기하고 있다. 커피를 좋아하지 않는 나머지 세 남자는 잠시 뻘쭘해지지만 아내의 표정은 밝기만하다. 커다랗게 원을 그리듯 카트를 돌리면 와인 코너에서 카를로롯시를 한 잔 마시며 여유를 부릴 수 있다.

이번에는 방향을 바꾸어 선식 코너로 향하는데 미숫가루처럼 고소한 선식을 한 컵 비운 뒤 서둘러 카트를 돌리고 달달한 향을 스멀스멀 풍기는 고기 불판 앞으로 진군한다. 산더미처럼 쌓아 놓은 갈비들 중에서 질이 좋은 녀석들만을 골라 지글지글 굽고 가위로 채썰듯 잘라 주는데 양이 적은 것이 오히려 매력이다.

염치 불구하고 주저앉을 수도 없는 일이고 애꿎은 이쑤시개만 빨다가 아내와 눈이 맞으면 카트고 뭐고 다 팽개쳐두고 주차장의 차를 빼 청계천으로 향한다.

장안에서 불고기하면 '우래옥' 이 최고지만 허리띠 풀어놓고 마음껏 먹기에는 바로 뒷골목의 '보건옥' 이 안성맞춤이다. 가격도 가격이지만 이 집에서 제일 마음에 드는 것은 벽에 붙어 있는 '축산물 등급 확인서' 다.

축산법에 근거해 소를 도축한 장소와 신청인 등을 기록한 일종의 이력서인데 한우를 쓰고 있다는 확실한 증거라고 할 수 있다. '보건' 이라

보건옥

"미리 양념을 하면 맛을 버린다"며 바쁜 가운데서도 주문을 받는 즉시 즉석에서 양념을 해 주는 고집스러움

는 업소명도 적혀 있고 사장님의 이름까지 빠짐없이 인쇄되어 있으니 얼마나 든든한지 모른다.

불고기를 주문하면 무광택의 은빛 불판이 부루스타 위에 오르고 주전자가 바짝 뒤를 따른다. 다른 집에서는 볼 수 없는 보건옥만의 조리 비법이 이 주전자 안에 담겨 있다.

주위가 움푹 패인 불고기용 불판 위에 사골 국물을 따르면 뽀얀 빛깔의 육수가 찰랑거린다. 고기를 냉장고에서 꺼내 무게를 달고 주방으로 가져가는 모습이 오버랩되며 스쳐 지나간다. "미리 양념을 하면 맛을 버린다"며 늘 바빠 죽겠다면서도 고집을 피운다.

콩나물이며 계란찜을 탐닉하는 사이 갓 양념한 붉은 색의 살코기가 팽이버섯, 파, 당근, 양파와 함께 식탁 위에 도착한다. 언뜻 보기에도 양이 만만치 않다.

불판이 달아오르면 주변의 육수가 보글보글 끓기 시작하고 고기가 뜨거운 김을 내뿜는다. 색깔이 노르스름하게 변하면서 육즙이 흘러내리는데 시간이 지날수록 육수의 색이 진하게 변한다.

얇게 썰어 양념을 한 한우 불고기를 입에 넣으면 씹을 틈도 없이 살살 녹는다. 뭉쳐있는 불고기를 살살 풀어 살을 헤친 다음 육수 속

에서 익은 야채를 올려 먹으면 끝내준다.

젓갈을 넣고 무친 겉절이를 불판 가장자리 육수 속에 넣어 익혀 먹는 것도 별미 중의 별미다. 한 그릇이 모자라 두 번 세 번 청하지만 호탕한 웃음과 함께 언제든지 가득 채워 준다.

고기를 먹다보면 공기 밥으로 손이 가기 마련이지만 보건옥에서만큼은 국수사리로 대체할 것을 추천한다. 진하게 우러난 육수에 삶은 소면을 넣어 팅팅 불 때까지 기다린다. 자박하게 말라가는 육수와 함께 숟가락으로 퍽퍽 떠먹으면 어느새 배가 빵빵해진다.

저렴한 가격 때문에 손님들이 몰리는 것은 사실이지만, 손이 큰 광주 출신의 안주인이 오다가다 말없이 채워주는 인심에 마음이 더 끌리는 곳이다.

MENU

불 고 기 10,000원   육회비빔밥 6,000원   김치찌개 4,000원
국수 사리   1,000원

INFORMATION

· 전화번호 : 02 - 2275 - 3743   · 영업시간 : AM 10:00 ~ PM 10:00
· 위   치 : 2호선 을지로 4가역 4번 출구에서 20m 직진
· 주   차 : 가능

후덕한 인심과 친절한 써비스에 끌리는 곳

Part 2

- 해천
- 본가설렁탕
- 강촌쌈밥
- 남서울민물장어
- 하동관
- 차이야기
- 원주추어탕

9 해천

**사장님 인심에 빠지기 시작하면
기둥뿌리 흔들려유~**

전복은 맛이 희한하다. 비린 듯이 퍼지는 독특한 향미는 해조류의 그것과 비슷한데 아미노산을 바탕으로 진하게 풍기는 단맛은 중독성이 강하다. 구멍이 송송 나 있는 까끌까끌한 껍데기의 안쪽에 자리 잡고 있는 전복의 육질은 단단하다. '오독오독' 이라는 수식어를 사용하는 이유가 여기에 있다. '게우' 라고 불리는 내장은 숙성한 해조류의 맛을 고스란히 담고 있는데 전복요리의 맛을 한층 더 깊게 만들어 준다.

이태원에 가면 전복의 달인을 만날 수 있다. 자연산 전복만을 취급하는 고집쟁이 채성태 사장이 버티고 있는 '해천' 은 전복요리의 천국이다. 주인장이 직접 매입에서 요리개발까지 도맡아 하고 있는 덕분에 늘 질 좋은 전복을 맛볼 수 있다.

간단히 점심 식사를 하는 손님이 아니라면 2층에 있는 방으로 안내를 받는다. 전복회, 전복찜, 전복튀김, 전복내장무침, 해천전복탕으로 이어지는 풀코스는 1인당 20만원을 지불해야 하지만 돈이 전혀 아깝지 않을 정도로 푸짐하게 퍼준다. 물론 특별히 좋아하는 메뉴나 예산을 미리 말하면 주인장이 알아서 섭섭하지 않을 만큼 싱싱한 해산물들을 올려준다.

해천의 해산물을 한 마디로 표현하자면 '펄떡이는 단맛' 이다. 어찌나 싱싱하고 탱탱한지 살을 저민 횟감이 입으로 들어가면 펄떡거리며 몸부림을 치는 느낌을 받는다. 매가리 없이 축 늘어지고 마는 양식 생선들과는 비교할 수가 없다.

메뉴판을 가득 메운 요리들 중에서도 가장 인기가 있는 것은 '해천전복탕' 이다. 큼직한 토종닭과 살아있는 전복을 통째로 넣고 갖은 한약재를 첨가해 푹 고다가 향이 깊게 우러날 즈음 한약재와 야채를 먼저 건져 낸 후, 다시 한번 탕을 끓여 항아리만한 뚝배기에 담아낸다. 방문을 열고 들어서는 모습을 보면 입이 떡 벌어질 정도로 푸짐하다.

영양만점, 몸을 생각하여 가는 곳

테이블에 내려놓자마자 한껏 끓어오른 전복탕에선 고급스러운 향이 솔솔 풍긴다. 눈을 지그시 감고 코를 들이민다. 수증기를 타고 올라오는 유혹에 취할 즈음 아주머니의 집게 소리가 날카롭게 들려온다.

항아리에 몸을 담그고 있는 닭도 닭이지만 통째로 삶아진 전복 덩어리를 보고 있노라면 행복한 비명이 절로 나온다. 개인당 한 마리씩 돌아오는 전복을 탕에서 꺼내 껍데기를 벗기고 말랑말랑한 전복의 속살을 베어 먹는다.

한 차례 숨이 죽은 국물을 한 모금 마셔보면 '해천전복탕' 의 진가를 느낄 수 있다. 전복의 단맛이 은근히 숨어 있고, 닭 육수의 고소함과 한약재의 감칠맛이 도드라져 혀를 장악한다.

인삼을 넣었다는 말 때문일까? 몇 모금 마시지 않았는데도 몸이 더워지고 열기가 솟는 듯한 느낌이 든다.

껍질 속에서 온전히 모양새를 보존한 전복은 젓가락으로 잡기에 버거울 정도로 살집이 든든하다. 오독오독 씹히는 전복 회와는 달리 몰캉몰캉한 육질이 그만이다. 큼직한 살덩이지만 입에 넣고 오물거리다보면 어느새 자취를 감추고 만다.

이번에는 닭다리 하나를 부욱 찢어 아쉬움을 달래본다. 푹 삶아진 녀석은 살결이 국수 가닥처럼 갈라지는데 이 결을 제대로 잡고 입에 넣으면 질긴 구석이라곤 찾아볼 데 없이 쫄깃거린다.

정신을 빼놓고 해천탕을 먹는 것이야 자유겠지만 아무 소리도 없이 국물을 싹 비우고 나면 피날레를 장식하는 해초죽을 포기해야 하는 불상사가 벌어진다. 뚝배기에 국물이 자박하게 남으면 얼른 종업원을 불러 해초죽을 끓여 달라고 하는 것이 해천탕을 먹는 마지막 코스!

철따라 뭍으로 오르는 각종 해초를 다져 넣고 폭 끓이면 고소하다 못해 개운한 해초죽이 완성된다. 어찌나 척척 들러붙는지 빵빵해진 배는 아랑곳하지 않고 죽 한 그릇을 뚝딱 해치운다.

곁들여 내오는 굴, 멍게, 개불 등 제철 해산물도 야박스럽지 않아 좋다. 규모는 작지만 실력은 결코 작지 않은 곳이다.

MENU

해 천 전 복 탕	120,000원	모듬회	50,000원 (1인 기준)
전복찜 (6마리)	120,000원	특 회	30,000원 (1인 기준)

INFORMATION

· 전화번호 : 02 - 793 - 7415   · 영업시간 : AM 10:00 ~ PM 10:00
· 위　　치 : 이태원 한강진역 1번 출구에서 200m 제일기획 건너편에서
　　　　　 한남동 방향
· 주　　차 : 가능

영양만점, 몸을 생각하여 가는 곳

10 본가설렁탕

설렁탕 끓는 소리에 석촌호도 들썩들썩

석촌호수 건너편의 본가설렁탕은 가게 앞에 떡 하니 버티고 있는 널찍한 마당이 마음에 들고 운동장만한 이 공간을 주차장으로 활용하고 있다는 점이 더더욱 마음에 든다.

또 한 가지 마음에 드는 것은 초대형 가마솥이다. 내 집 드나들 듯 자주 찾는 집이지만 늘 가게 앞에 버티고 서 있는 초대형 솥 앞에서 걸음을 멈추고 까치발로 키를 세운 후 속을 들여다보게 된다.

습관처럼 반복되는 짓이지만 부글부글 끓어대는 탕 속에서 소용돌이치고 있는 소뼈와 살덩어리들을 보면 반갑고 믿음직스럽다. 모두 3개의 솥이 온실 같은 유리벽 안에 자리 잡고 있는데 제각각 용도가 다르다.

2개는 소머리와 사골 등을 끓이는 용도이고 나머지 1개는 도가니와 꼬리를 끓이는데 사용된다. 그래서 이 집의 설렁탕은 도가니탕이나 꼬리곰탕과 국물이 다르다. 실제로 본가 설렁탕을 다녀온 사람들에게 질문을 하면 가장 인상적인 것이 이 솥이라고 대답을 한다.

설렁탕의 맛을 결정짓는 세 가지 요소 중 그 첫 번째는 질 좋은 사골이나 잡뼈이고, 둘째는 물, 셋째는 불이다. 무조건 센 불에서 오래 끓인다고 뼈 속의 진국이 배어 나오는 것은 아니다. 센 불과 중간 불 그리고 약한 불을 번갈아가며 조절해 주어야 제대로 된 진국을 우려낼 수 있다.

또 한 가지 중요한 것은 기름기를 제거하는 것이다. 이 과정을 등한시하면 국물이 역해지고 특유의 누린내가 나기 쉬운데 그렇다고 처음부터 기름을 제거하고 탕을 끓이면 맛이 떨어진다. 푹 끓여서 식힌 다음 기름을 걷어내고 깔끔한 국물만을 상에 올리는 것이 비법이다.

소리를 질러 주문을 한 설렁탕 그릇을 받으면 뽀얀 빛깔의 진국이 군침을 돌게 한다. 소금을 넣지 않고 먹어도 좋을 만큼 고소하고 담백하다.

탕에 들어가는 양지 살도 제대로 된 맛을 보여준다.

졸깃하게 씹히면서도 부드럽게 부서지는 살결이 상당히 만족스럽다.

설렁탕하면 빠질 수 없는 것이 깍두기와 배추겉절이인데 진한 국물에는 잘 익은 깍두기가 어울리고 탕 속의 밥과는 칼칼한 배추겉절이가 조화를 이룬다. 입에 넣고 오물거리다보면 양념 맛이 도드라지며 진가를 발휘한다.

야박하게 찔끔찔끔 내주는 집들과는 달리 김치 인심이 푸짐해 마음대로 항아리에서 퍼먹을 수 있다.

곱배기 격인 '본가탕'을 시키면 밥이나 국물은 그대로지만 고기를 조금 더 실하게 담아내 준다.

이 집을 찾는 단골들의 인기 메뉴는 따로 있다. 20년 넘게 설렁탕을 다루던 주방장이 미국에 체류하던 시절 개발했다는 꼬리찜이 그것인데 다른 집에서는 볼 수 없는 독특한 스타일로 인기를 독차지하고 있다.

인삼, 녹각, 대추, 피망, 양파, 대파, 당근, 표고, 마늘, 생강에 팽이버섯까지 다양한 재료를 풍성하게 담아내는 꼬리찜은 보기만 해도 푸짐하다.

꼬리는 센 불에서 삶으면 퍽퍽해지고 질겨진다. 약한 불에서 은

본가설렁탕

잘 손질한 꼬리에 인삼, 녹각, 대추, 피망, 양파, 대파, 당근, 표고, 마늘, 생강, 팽이버섯까지 다양한 재료를 풍성하게 담아내는 꼬리찜의 완벽한 맛.

은하게 오래도록 끓여야 탄력을 잃지 않고 육질도 연해진다. 이렇
게 조리한 꼬리를 입에 대고 한 입 물면 살이 쏙쏙 분리된다.

기름기를 완전히 제거한 육수는 맑고 시원해 자꾸만 손이 가는데
일반적인 꼬리찜에 비해 달게 느껴지는 이유는 신선한 야채 때문이
다. 야채에서 우러난 단맛이 꼬리의 느끼함을 감춰주고 녹각과 인
삼의 묵직한 향이 자칫 달아서 질릴 수 있는 야채의 맛을 보완해 준
다.

잘 손질한 꼬리와 신선한 야채, 좋은 약재가 만들어 낸 완벽한 맛
의 삼박자가 아닐 수 없다.

다 먹고 나면 육수에 밥을 볶아주는 써비스도 잊지 않는다. 맛은
물론이거니와 시각적 만족을 위해 돌판을 사용한다는 주방장의 말
에서 치열한 손님맞이의 정성이 느껴진다.

MENU

설 렁 탕　5,500원	해 장 국　5,500원	꼬리곰탕　12,000원
본 가 탕　6,500원	도가니탕　10,000원	꼬 리 찜　38,000원

INFORMATION

· 전화번호 : 02 - 414 - 5945　　· 영업시간 : AM 8:00 ~ PM 10:00
· 위　　　치 : 석촌호수 건너 뉴스타 호텔 옆
· 주　　　차 : 가능

영양만점, 몸을 생각하여 가는 곳

11 강촌쌈밥

비타민과 데이트 하실래요?

쌈밥은 상추나 깻잎에 밥을 한 술 올리고, 된장이나 고추장으로 기본 맛을 건사한 쌈장을 찍어 바른 후, 두 손으로 조심스레 여며 입 속으로 밀어 넣으면 볼이 미어져라 터져라 하는 코믹한 장면을 연출하게 되는 우리 음식 문화의 자랑거리다.

쌈의 맛은 신선한 야채, 고슬고슬 지어진 밥 그리고 짭쪼름한 쌈장에 의해 좌우된다. 이 중 어느 것 하나만 부족해도 팽팽한 맛의 균형이 깨지기 쉽다.

쌈하면 언뜻 상추나 깻잎을 떠올리지만 지역이나 기호에 따라 콩잎, 배춧잎, 살짝 찐 호박잎, 미역, 다시마 등이 쌈 거리로 쓰이곤 했다.

가장 대중적인 쌈의 재료인 상추는 올록볼록 푸른색을 띠고 부채 모양으로 펼쳐져 예나 지금이나 신선하고 청결한 이미지가 연상된다. 잎이 두텁지 않아 뿌리 쪽을 잡고 거꾸로 흔들면 하늘거리지만 쌈을 싸서 모아 쥐면 강한 탄력이 느껴진다. 입에 넣고 어금니로 물면 폭 터지면서 밥알이 쏟아져 나오고 곧바로 쌈장이 입 안 곳곳으로 퍼진다. 씹는 내내 상추의 아삭거리는 쌉쌀함을 느낄 수 있고 밥알과 쌈장이 어우러져 진한 단 내음을 뿜는다.

서울시내에도 쌈밥 집의 수는 이루 헤아릴 수 없을 정도로 많지만 쌈 맛의 3요소를 두루두루 갖추고 있는 집은 그리 많지 않다. 육류가 아닌 메뉴로 배를 꽉 채우고 싶은 욕심이 날 때면 늘 찾게 되는 곳이 바로 '강촌쌈밥' 이다.

달랑 쌈밥 정식과 제육(小, 大)이라고 적혀 있는 메뉴판이 단출하게 느껴지지만 조금만 눈을 돌리면 20여 가지 유기농 야채의 사진과 이름, 효능이 적혀 있는 대형 판넬을 발견할 수 있다. 생전 듣지도 보지도 못한 채소들의 이름을 하나하나 열거하다 보면 맛깔스러운 밑반찬과 쌈 채소가 하나 가득 상을 뒤덮는다.

철에 따라 다르지만, 쌈 채소 한 가지만 보더라도 종류가 20여 가지에 가까워 푸짐함은 이루 말할 수 없다. 쌈과 함께 나오는 제육은 1인

영양만점, 몸을 생각하여 가는 곳

강촌쌀밥

신선한 야채, 고슬고슬 지어
진 밥, 짭쪼름한 쌈장 맛의
절묘한 조화
갖가지 반찬이 더해진 총천
연색 밥상은 눈과 입과 손을
바쁘게 한다.

분에 대략 5~6조각이 오르는데 푸짐하다고 느낄 정도는 아니다.

갈치속젓, 갓김치, 마늘쫑, 백김치…. 손맛이 보통이 아니다.

총천연색 밥상 위에 소박하게 한 자리 차지하고 있는 쌈장도 맛이 독특하다. 단지 견과류와 해바라기씨를 갈아 올렸는데도 고소한 맛을 이끌어 내는 것이 수준급이다.

1인분씩 갓 지어내는 영양 돌솥밥을 휘휘 저어 대접에 덜어 내고, 결명자차를 가득 붓고 뚜껑을 덮어 한 켠에 밀어 놓는다. 여느 집의 돌솥밥과는 달리 인삼이나 대추 같은 한약재는 빼고, 콩, 조, 은행, 고구마를 넣어 밥을 짓는데 적당한 시각적 효과가 식욕을 당긴다.

수많은 종류 중에서 하나를 골라 쌈을 싸고 식사를 시작하면 자꾸만 시선이 대형 판넬 쪽으로 쏠린다. 주변 손님들의 반복되는 행동을 이상하게 생각하던 내 자신이 어느 새 그들을 닮아가고 있음을 발견하게 된다. 지금 잡고 있는 채소가 적겨자인지 아니면 적로즈인지 확인을 하다 보면 물 한 모금 먹고 하늘 한 번 쳐다보는 병아리처럼 쌈 한 번 먹고 그림 한 번 쳐다 보고를 반복하게 된다.

초록잎 사이로 새빨간 실핏줄이 퍼져 있는 적근대를 잡아 밥 한 숟가락 올리고 제육 한 점 곁들여 쌈장을 발라 입 속에 밀어 넣으면 쌈 채소의 향이 퍼지면서 쌈장과 어우러진다. 쓴맛은 전혀 없고 아삭거림이 느껴진다.

토속적인 향을 그대로 간직하고 있는 된장찌개를 두세 숟가락 입에 넣고 짠 맛이 가시기 전에 비타민을 따라 붙인다. 쌈을 싸기에는 적합치 않은 작은 사이즈지만 비타민 함유량이 많아 아예 이름이 그렇게 붙은 쌈 채는 향긋하고 씹을수록 고소하다.

유난히 색이 강렬하고 꽃잎처럼 화려해 눈에 잘 띄는 쌈 채는 백로즈, 적로즈이다. 쌈장에 찍기가 아까울 정도로 앙증맞지만 잎이 도톰해 씹는 맛이 묵직하다. 쌈장에 한 번 찍어 먹고 젓갈을 올려 다시 한 번 먹어보면 판이하게 달라지는 쌈 채소의 매력에 빠지게 된다.

쭉쭉 뻗은 뉴그린, 입냄새 제거에 특효인 향나물, 수분이 많아 씹으면 시원한 청량감이 더해지는 쌈추 등이 입에 척척 들러붙는다.

반면에 굉장히 쓴 쌈 채가 있는데 바로 치콘이다. 정신이 아찔해질 정도로 쓰기 때문에 다른 쌈 채와 함께 곁들여 먹는 것이 좋다. 아기 손바닥만한 레드치커리도 쓴맛으로 치자면 2위의 자리가 서러운 채소이다.

한약재의 맛이 나는 쌈 채들도 있다. 잎당귀와 쌈신선초가 그 주인공인데 역하지 않은 한약재 특유의 향이 이채롭다.

겨자잎은 마치 톱니같은 테두리를 가지고 있는데 생선회를 먹을

영양만점, 몸을 생각하여 가는 곳

때 곁들이는 겨자의 고급스러운 향을 고스란히 간직하면서도 매운 맛은 쏙 빠져 있어 별미다.

뭐니뭐니해도 마무리는 누룽지가 좋다. 미리 부어 놓은 결명자차는 누룽지의 맛을 한층 북돋워 준다.

상추와 반찬의 양이 하도 많아 공기 밥 추가는 필수다. 불룩해진 배를 보면 다이어트가 걱정이 되지만 육류가 아닌 야채이기에 그나마 안심이다.

상추에 함유되어 있는 레터스오피움이라는 성분이 진정작용을 해, 상추를 먹으면 나른해지고 잠이 온다는데 아마도 맞는 이야기지 싶다. 한바탕 쌈과의 전쟁을 치르고 나면 밥상을 조금 물리고 자리에 눕고 싶어지니 말이다.

MENU

쌈밥정식 8,000원   제육(소) 7,000원   제육(대) 14,000원

INFORMATION

· 전화번호 : 02 - 918 - 6468   · 영업시간 : AM 9:00 ~ PM 8:30
· 위   치 : 평창동 올림피아 호텔 근처,
　　　　　　　길음시장에서 8번 버스 올림피아 호텔 하차
· 주   차 : 가능

12 남서울민물장어

장어 먹고 힘냅시다!

여름철 보양식으로 장어를 많이 찾지만 사실 장어가 가장 맛있는 시기는 가을이다. 동면을 앞두고 몸 속에 영양분을 비축하는 가을 장어는 통통하게 살이 올라 기름지고 졸깃하다.

남서울민물장어는 충북과 호남권의 단골 양식장들에서 보내주는 '오미장어' 만을 고집하는 것으로 유명한 집이다. 오미장어란 한 마리당 200g 안팎의 무게를 가진 장어로, 1Kg에 대략 5마리 정도가 달린다 하여 붙여진 이름이다.

주문을 하면 장어뼈튀김, 장어죽, 소스가 나오고 40~50cm는 족히 될만한 막 잡은 장어를 턱하니 불판에 올려 놓는다.

꿈틀거리는 장어에서 시선을 옮기면 커피잔을 닮은 soup bowl의 장어죽이 기다리고 있다. 고소한 장어의 향이 은은히 배어 있는 장어죽은 크림소스처럼 고소하고 부드러워 입맛을 당긴다. 배를 불리는 것보다는 입 안의 잡맛을 없애는 역할을 한다.

초벌구이를 하는 동안 먼저 익은 버섯을 몇 점 집어 입맛을 다신다. 초벌구이를 마친 장어는 소스를 앞뒤로 서너 번씩 바르면서 뒤집어야 적당히 간이 배는데 제대로 익으려면 무려 20분이나 걸린다.

노릇노릇 구워지는 장어를 보고 있노라면 입 안 가득 군침이 고인다. 손이 많이 가는 작업이다 보니 손님이 몰릴 때는 종업원들이 동에 번쩍 서에 번쩍하는 진풍경을 자아내기도 한다.

장어를 덮고 있는 캬라멜 색깔의 매끄러운 소스에서는 한약재의 향이 깊게 묻어난다. 입에 넣자마자 미끄러지듯 넘어가는 살집과는 달리 껍질은 말랑하게 씹히는 재미를 제공한다. 살이 그다지 통통하지 않지만 흐느적거릴 만큼 부드럽다.

장어 뼈를 대여섯 시간 끓인 후 배추와 된장으로 맛을 낸 구수한 장어국은 일부러 찾아와 먹을 정도로 별미다. 부드럽고 심심한 국물에서 배추의 싱싱함이 묻어나서 시원하다.

샐러드처럼 새콤달콤 아삭거리는 겉절이와 간간한 장아찌들도 입맛을 사로잡는다.

누룽지와 함께 나오는 싱건지와 어리굴젓, 호박나물 등의 밑반찬도 정갈하고 맛깔스럽다.

웃음은 없지만 누룽지에 식혜까지 이어지는 음식 써비스 만큼은 만만치 않다.

MENU

장어구이 정식 16,000원   장어구이 15,000원   장어고추장구이 15,000원
장어소금구이 15,000원   장어덮밥 15,000원 (점심메뉴)

INFORMATION

· 전화번호 : 02 - 544 - 1010   · 영업시간 : PM 12:00 ~ PM 10:30
· 위   치 : 강남역 7번출구 제일생명 사거리에서 우회전,
              삼정호텔과 노보텔 중간
· 주   차 : 가능

영양만점, 몸을 생각하여 가는 곳

13 하동관

장안 최고의 국물 맛, 고집스러운 곰탕집

장안 최고의 국물 맛이라는 평가를 받고 있는 곰탕집 '하동관'은 진정 고집스러움의 결정체다. 인테리어는 두말 할 나위 없고 수십 년이 지나도록 같은 조리법을 고수하는 덕에 탕 맛이 늘 한결같다.

오래된 맛 집들이 다 그러하듯이 하동관의 메뉴판도 단출하다. '보통, 특, 수육' 이라고 적힌 내용이 전부다.

출입문 바로 앞에는 금전 출납기가 놓인 철제 책상 하나가 어색하게 놓여 있고, 그 옆에는 계란 판이 켜켜이 쌓여 있다. 곰탕 국물에 넣어 먹으라는 오래된 배려인데 물론 공짜는 아니다. 한 알에 300원씩 받는 이 계란을 하동관 식구들과 단골들은 '통닭' 이라는 애칭으로 부른다.

신세대들의 입맛에는 어떨지 모르겠지만 곰탕과 계란은 썩 잘 어울린다. 자로 잰 듯 고소함이 배가(倍加)되지는 않지만 구수한 곰탕 국물과 어우러지는 계란의 하늘거림이 결코 어색하지 않다.

자리에 앉아 주문을 한 지 1~2분도 지나지 않아 놋그릇에 담긴 곰탕이 반짝 반짝 빛을 내며 다가온다. 밥이 말아진 채로 나오는 까닭에 국물은 늘 찰랑거리며 넘치기 직전의 위태로운 모양새다. 곰탕 특유의 맑은 국물은 고기며 내장 등의 내용물을 훤히 비춰주는데 보통을 시켜도 그 양이 만만치 않다.

고기 한 점을 슬쩍 들어 흔들어 보면 살랑대는 모양새가 선도와 삶는 실력을 부드럽게 대변한다.

설렁탕집이나 곰탕집의 실력을 알아보는 척도 중 하나가 바로 파다. 하동관 파의 상태는 최상급이다. 손님들의 손길이 끊이지 않는 탓에 말라 비틀어진 파를 만날 일은 우연히도 있을 수 없다.

고기와 내장은 그냥 건져 먹어도 좋지만 김치에 싸 먹으면 색다른 별미를 맛 볼 수 있다. 배추김치의 아삭거림과 고기의 보드라운 살이 뒤섞여 정신 없이 넘어간다.

이 즈음이면 국물이 적당히 식어 놋그릇 째 들고 마실 수 있다. 국물은 얼마든지 추가해도 돈을 안 받기

영양만점, 몸을 생각하여 가는 곳

하동관

하동관의 주문법은 특별하고
다양하고 기이하다. 취향에
따라 양에 따라 기름 빼고,
고기만, 내장만, 차돌만 등
으로 주문하는 골라 먹는 재
미가 있다.

때문이다.

뜨거운 국물을 부탁하고 서너 숟가락 곰탕을 맛보고 나서 계란을 하나 깨 넣으면 고소함의 진수를 맛 볼 수 있다. 계란이 부담스럽다면 '깍국' 도 추천할만하다.

식사 도중 주전자를 들고 다니며 "깍국!" 하고 외치는 하얀 가운의 웨이터(?)들을 만나게 되는데 살짝 손을 들어올리거나 눈을 마주치면 익숙한 솜씨로 깍두기국물을 부어준다. 말간 국물에 퍼지는 뻘건 깍국이 묘한 대비를 보여주는데 유념할 점은 국물이 뜨겁지 않으면 금방 식어버려 탕 맛을 버리기 쉽다는 것이다. 그래서 주문할 때부터 "뜨겁게!!!" 라고 두 번 세 번 강조해야 한다. 시큼털털한 국물과 기름기 있는 탕이 빚어내는 오묘한 맛의 조화는 쉽게 잊혀지지 않는다.

'특' 은 보통과 같은 구성이지만 고기나 내장의 양이 더 많아 곱배기 정도로 생각하면 무리가 없다.

메뉴는 단출하지만 하동관의 주문법은 특별하고 다양하고 기이하다. 취향에 따라 양에 따라 달라지는데 가장 기본은 '기름빼고' 이다. 산뜻한 맛을 즐기는 분들이 선호하지만 슴슴하게 느껴질 정도로 은근하고 맹맹하다.

물에 젖은 고기를 싫어한다면 '민짜'를 주문하면 된다. 고기 한 점 없이 맑은 국물에 밥을 내오는 가장 심플한 방식이다. 고기는 좋아하는데 내장이 싫다면 고기만 넣어 달라고 하면 되고, 반대로 내장 매니아라면 내장만 달라고 하면 된다.

평상시 대식가라고 자부하거나 정말 배가 많이 고프다면 '십공'이 제격이다. 보통이나 특보다 비싼 만원을 받아 붙여진 이름인데 징글맞을 정도로 고기와 내장을 많이 넣어준다. 만만하게 보고 주문을 했다가는 반 이상 남기고 나오는 낭패를 보기 쉽다.

가장 진한 맛을 보고 싶다면 '차돌만'이라고 주문하는 방법도 있다. 탕 국물에 밥을 깔고 차돌박이만 넣어 주는데 손님들이 가장 많이 찾는 메뉴이다 보니 조금만 늦으면 얻어먹기 힘들다.

MENU

곰탕 (보통) 7,000원   곰탕 (특) 8,000원   수육 30,000원

INFORMATION

· 전화번호 : 02 - 776 - 5656   · 영업시간 : AM 7:00 ~ PM 4:00
· 위   치 : 2호선 을지로입구역 3번출구 코리아해럴드빌딩 일방통행길 내
· 주   차 : 가능

영양만점, 몸을 생각하여 가는 곳

14 차이야기

108세 까지 살고 싶다면 …

   불혹, 이순, 고희처럼 나이를 나타내는 표현 중에 '차수(茶壽)' 라는 것이 있다. 단어의 조합에서도 알 수 있듯이 차와 관련된 의미다.

   108세까지 장수한다는 내용이 '茶' 자 안에 담겨 있다. 제일 위에 있는 '열십' 자를 두 번 더하니 이십이 되고, 그 다음은 위에서부터 더해 나가면 되는 의외로 간단한 셈이다. 20 + 88 =108!!! 차를 많이 먹으면 그 나이까지 살 수 있다는 사실을 이미 알고 있었던 모양이다.

   녹차의 떫은 맛은 '카테킨' 이라는 항산화 물질에서 비롯된 것인데 비타민보다 더 강력한 산화 방지 효과가 있어 체내의 독성을 중화시켜 주는 역할을 담당한다. 노화의 원인인 산화를 막아 주는 녹차야말로 곁에 두고 늘 가까이 해야 할 필수 영양소인 것이다.

   사람들로 넘쳐나는 인사동 거리를 걷다보면 어느 골목에선가 쌉쌀한 녹차의 향과 대추 삶는 단내가 폴폴 풍겨 나와 사람들의 발길을 잡아끈다. 좁은 골목 안은 발 디딜 틈이 없을 정도로 빼곡히 줄을 선 대기 손님들로 넘쳐난다.

신기한 구경거리도 있다. 대형 밥통 세 개에서 쉼 없이 뿜어대는 증기가 그것인데 사람으로 꽉 차고 달콤한 증기로 뒤덮여 골목 안이 후끈 달아오른다.

차이야기에서는 ‘녹차 대나무밥’이 주인공이다. 쌀에다 녹차 우린 물을 넣고 대나무 통 속에다 밥을 지어주는데 입맛 잃은 손님들은 이 맛을 못 잊어 다시 찾는다.

실내는 그리 밝지 않은데 조명이 어두운 탓도 있지만 온통 원목 나무들로 인테리어가 되어 있어 빛을 반사하지 않고 머금는 까닭도 있다.

모든 테이블 위에는 불판이 놓여 있는데 정식 메뉴에 들어가는 너비아나나 갈비살을 굽기 위함이다. 녹차 대나무 밥에 너비아니를 곁들이면 ‘차이야기 정식’이 되고, 갈비살을 더하면 ‘대나무 쌈밥 정식’이 되고, 고기가 빠지면 그냥 ‘녹차 대나무밥’이 된다.

영양만점, 몸을 생각하여 가는 곳

기본 반찬은 동일하다. 맑은 된장국과 김치, 동치미, 버섯볶음, 양념장을 얹은 두부부침, 오징어젓 등에 쌈장과 10여 가지의 쌈 채소들이 곁들여진다.

한지로 덮인 대나무 통에 담겨 나오는 밥을 보면 순간적으로 깜짝 놀라게 된다. 하얀 밥 위에 시커먼 돌덩이가 들어 있는데 젓가락으로 헤집어 보니 다름 아닌 숯이다. 실내의 어두운 조명 탓에 일으킨 착시현상이었다.

밥을 한 술 떠서 입에 넣어보니 감촉이 촉촉하다. 수분을 한껏 머금은 대나무 밥에서는 녹차의 향이 은은히 퍼진다. 대나무 통을 기울여 밥을 긁어내고 그 통 안에 결명자 차를 부어 놓는다. 매끄러운 밥알이 반찬 없이도 미끄러지듯 넘어간다.

상추와 깻잎을 비롯해 적근대, 백로즈, 신선초, 케일 등의 쌈에 밥을 올려 먹다보면 아차 하는 생각에 무릎을 치게 된다. 이 집은 공기 밥 추가가 없다. 밥이 부족하면 억울해도 7,000원이라는 거금을 내고 대나무 통밥을 주문해야 하기 때문에 양 조절을 잘 해야 한다.

양이 많지는 않지만 소고기를 다져서 양념한 너비아니가 불판에 오르면 쌈 채를 고르고 준비를 한다. 야들야들하게 씹히는 고기는 고슬고슬한 밥과 함께 쌈을 싸면 찰떡궁합이다.

나무 식탁을 뒤덮은 반찬 그릇들도 투박하지만 정감 있다. 결명자 차에 푹 불려진 대나무 통 안의 밥은 매콤달콤한 오징어젓과 곁들이는 것이 좋다. 원래 결명자 차는 엷게 끓이면 숭늉 맛이 나는데 대나무 통에서 조금 버티고 있으면 그 맛의 깊이가 한층 두터워져 진한 구수함을 느낄 수 있다.

쌈이며 반찬은 맛있지만 전반적으로 양이 부족하고 펄펄 끓인 된장찌개가 아닌 미지근한 된장국을 주는 것이 아쉽다.

밥을 짓는 용도로 사용이 되는 대나무는 세 번까지 재활용하고 대나무 진이 빠지면 손님들이 가져갈 수 있도록 눈에 잘 띄는 곳에 진열해 놓는다. 화분이나 재떨이 용도로 쓰라는 배려인데, 대부분의 사람들이 신기한 듯 하나 둘씩 꼭 챙겨 가지고 나온다.

MENU

대나무쌈밥정식	10,000원	차이야기정식	12,000원
삼 겹 살 정 식	10,000원	녹차대나무밥	7,000원

INFORMATION

· 전화번호 : 02 - 735 - 8552   · 영업시간 : PM 12:00 ~ PM 10:00
· 위　　치 : 종로구 인사동 온누리스토어 약국 골목에서 직진,
　　　　　　　나무건물 골목 내
· 주　　차 : 공영주차장 이용 (유료)

영양만점, 몸을 생각하여 가는 곳

15 원주 추어탕

스태미너의 대명사 미꾸라지

식당은 식사를 하는 곳이다. 맛이 있으면 찾아가고, 가격이 싸면 더 자주 찾게 된다. 그리고 몸에 좋다고 하면 찾게 되는 집도 있다.

이 조건에 딱 들어맞는 집이 바로 강남 한 복판에 자리 잡고 있는 추어탕의 명가 '원주추어탕'이다.

'용금옥'도 버티고 있고 '형제추탕'도 눈을 시퍼렇게 뜨고 있는데 갑자기 '추어탕의 명가'라니 하고 손가락질을 하며 코웃음을 칠 분들도 계시겠지만 난 강력히 주장하고 싶다. 주인도 아닌 종업원들이 자발적인 써비스로 손님들에게 최상의 편안함을 제공하는 이 곳이야말로 진정한 명가가 아니겠느냐고!

식당을 들어서기 전이면 가게 앞에 진을 치고 있는 고무 다라 속 미꾸라지들에게 인사를 하느라 꼭 1~2분은 머뭇거린다. 그러다가 보는 사람이 없을 때는 잔 발길질도 한 번 해보곤 한다. 분명 살아

있는 미꾸라지다.

버글버글 거품을 토하면서 저희들끼리 몸을 부대끼는 스태미너의 대명사 미꾸라지!

싱글벙글 자리를 잡고 나면 바싹 다가선 식당 아주머니들에게 속삭인다. "추어탕 둘에 수제비 많이…. 그리고 추어 반, 빙어 반"하고 눈을 찡끗하면 아프지 않게 거짓으로 꼬집고는 돌아선다.

주문과 동시에 바로 튀겨내는 빙어 튀김과 추어 튀김의 맛을 둘 다 놓치고 싶지는 않은데 그렇다고 둘 다 주문할 수는 없고 해서 미안하지만 반반씩 해달라고 이렇게 아양을 떠는 것이다.

손님상에 솥을 올리고도 한참을 끓여야 하는 추어탕의 특성상 멀뚱멀뚱 밑반찬만 바라보고 있기가 심심한데 이럴 때는 튀김이 제격이다.

치지직 소리를 내며 기름 속으로 다이빙을 하는 미꾸라지와 빙어는 노란 튀김 옷 속에 몸을 감추고 펄떡인다. 건져 낸 튀김은 재빨리 손님상으로 옮겨야 한다. 조금이라도 지체해 식어버리면 비린내 때문에

영양만점, 몸을 생각하여 가는 곳

원주 추어탕

뼈까지 곱게 갈아 넣고 끓여
고소하고 담백한 추어탕, 맛
깔스러운 밑반찬, 사이다보
다 시원하고 개운한 동치미
국물의 조화

먹을 수가 없기 때문이다.

일단 추어를 한 마리 잡아 입에 넣고 씹는다. 바삭거리는 튀김옷과는 달리 튀김옷 속에 통째로 몸을 숨긴 추어는 생각보다 많이 부드럽다. 소스로 내오는 새콤한 간장에 살짝 찍어 먹다보면 두 손이 부족하다.

빙어 한 마리, 미꾸라지 한 마리 교대로 먹다보면 상 위에 올려놓은 솥에서는 부글부글 끓는 소리가 들리기 시작한다.

이 때쯤 잊지 말아야 할 것이 '수제비' 다. 팔팔 끓기 시작하면 테이블로 반죽을 가지고 와서 한 점 한 점 수제비를 떠준다. 밀가루 덩어리를 길게 잡아 늘이면서 얇고 널찍하게 펴는 기술이 수제비의 맛을 좌우하는 포인트다.

어느 정도 양이 맞았다 싶으면 산초와 후추 그리고 다진 고추를 넣으며 기호를 묻는다. 추어탕 선수들이라면 별 문제가 없지만 혹시 좌중에 초심자라도 있으면 산초를 빼달라고 하는 것이 좋다. 모자라는 사람이야 나중에 더 넣으면 되지만 반대의 경우는 추어탕에 손도 못 대보는 곤란한 일이 생길 수도 있기 때문이다.

아무튼 한소끔 더 끓이고 맛보는 수제비는 말이 필요 없다. 야들야들 쫄깃하게 씹히는 수제비를 후후 불어 건져먹고 나면 어느새 작은 투가리에 추어탕을 덜어준다.

워낙에 오래 끓인데다 수제비 반죽까지 풀어진 뒤라 국물이 걸쭉하다. 스튜처럼 느껴지는 육수 안에 남아있는 추어의 흔적이라고는 가시뿐이다. 뼈까지 곱게 갈아 넣고 끓인 탕은 고소하고 담백하다. 야채와 버섯 등을 곁들여 작지만 한 그릇을 비우고 나면 속이 든든해진다.

이번에는 밥을 말아 먹을 차례! 두 번째 투가리에는 건더기보다 국물을 많이 담는다. 그래야 밥을 말아도 농도가 적당해진다.

원주추어탕은 탕도 탕이지만 밑반찬이 아주 유명하다. 걸쭉한 국물에 밥공기를 털어 넣고 훌훌 말아 파김치를 곁들이면 세상 부러울 것이 없다.

숨이 죽었지만 아삭하고 쌉쌀하게 씹히는 파김치는 근래에 보기 드문 수작이다. 파김치 속에 숨어있는 고추장아찌도 혀의 섬세한 신경을 살리는데 한 몫을 단단히 한다. 입 안이 텁텁해지면 동치미 국물을 들고 마시면 된다. 어찌나 시원하고 개운한지 사이다보다도 청량감이 좋다.

나중에야 안 사실이지만 이 집 주방에서 10년을 넘게 일하면 분점을 내준다고 한다. 물론 돈은 받지만 말이다. 이미 양재동에 있는 분점은 강남의 본점을 능가하는 손맛으로 두터운 매니아층을 형성하고 있는데 아마도 일하는 아주머니들은 그 '상징적인 10년'을 꿈꾸고 있는지도 모르겠다. 제3, 제 4의 분점을 그리면서….

영양만점, 몸을 생각하여 가는 곳

MENU

| 추 어 탕 7,000원 | 숙 회 (소) 20,000원 | 미꾸라지 튀김 10,000원 |
| 추어탕 (특) 8,000원 | 숙 회 (대) 30,000원 | 빙 어 튀 김 10,000원 |

INFORMATION

· 전화번호 ： 02 - 557 - 8647　·영업시간 ： AM 7:30 ~ PM 10:30
· 위　　치 ： 강남역 제일생명사거리 천지빌딩에서 오른쪽 골목 내
· 주　　차 ： 가능

이런 맛 처음이야, 독특한 맛~

Part 3

· 봉화묵집
· 바다식당
· 홍복
· 제니스
· 가야밀면
· 성내식당
· 풍년명절
· 소양강

16 봉화묵집

메밀꽃 필 무렵엔 여기에 가고 싶다

봉화묵집을 찾아가기란 여간 어려운 일이 아니다. 아리랑 고개를 넘어 대로변 뒤 작은 골목 깊숙이 똬리를 튼 봉화묵집을 찾는데는 열정이 필요하다. 장안 최고의 묵 맛을 보고야 말겠다는 식탐으로 무장을 해야만 한다. 그렇지만 인근에서는 아이들까지 알고 있을 정도로 부러움의 대상이다. 온 가족이 똘똘 뭉쳐 강원도 고향 땅의 맛을 지키겠다는 의지로 음식을 만들기 때문이리라.

오후 7시까지 밖에 영업을 하지 않는 까닭에 마감 시간이 아슬아슬하다 싶으면 서둘러 예약을 해야만 한다. 그래야 다만 몇 모의 묵이라도 남겨 놓는다.

살림집과 영업장을 겸하다보니 문을 열고 들어서면 마치 친척집에 놀러 온 기분이 든다. 일곱 살배기 손자가 가지고 놀던 장난감들이 여기저기 흩어져 있어 더욱 친근하다.

메뉴는 단출하다. 메밀묵, 손칼국수, 만두국에 조밥이 전부인데 중독성이 강해 한 달에 한 번은 꼭 찾게 된다.

40년이 넘은 차단스 앞에 자리잡고 앉아 묵을 기다리면 먼저 양념장과 고추 삭힌 것, 그리고 동치미 싱건지를 차려 놓는다. 허여멀건한 국물을 들이키면 요즘은 어디서도 맛 볼 수 없는 촌스러운 시원함이 입 안을 가득 채운다. 심심하게 담아진 동치미는 국물이 개운하고 동동 떠 있는 무가 설컹설컹 씹힌다.

어느 새 상 위에 올라온 묵사발. 커다란 냉면 그릇이 넘치도록 묵과 김치, 참기름 그리고 멸치 육수가 가득 담겨 있다.

가루를 빻아 직접 쑨 묵은 가늘고 길게 채 썰어져 비비기에 적당하고 자박하게 부어주는 멸치육수 덕에 빽빽하지 않다.

욕심을 한껏 부려 숟가락에 그득 담아 입으로 옮긴다. 제일 먼저 참기름의 향이 퍼지고, 그 다음은 신김치, 김, 마지막으로 구수한 메밀의 맛이 내려앉는다. 가볍게 느껴지던 맛의 조화가 씹을수록 깊어진다.

이 때부터는 좌중이 소란스러워진다. 각자 상상할 수 있는 갖은 미사

봉화묵집

가늘고 길게 채 썬 묵은 자
박하게 부은 멸치 육수 덕에
비비기에 적당하고 참기름,
신김치, 김과의 맛의 조화가
씹을수록 깊어진다.

여구를 동원해 묵을 설명하려든다.

배가 불러지기 전에 그릇을 적당히 비우고 조밥을 주문하는 것이 좋다. 하얀 백미 대신 조를 그득 넣어 짓는 밥은 마치 노란 꽃가루가 뿌려진 듯 색감부터 먹음직스럽다.

반 공기는 묵사발에 얹고 나머지 반은 양념장에 비벼야 제대로 된 조밥을 즐길 수 있다. 먹고 남은 멸치 육수에 밥을 말면 맛이 훨씬 진득해진다. 밥알이 한 알 한 알 퍼지면서 국물이 묵과 양념 사이로 파고 드는데, 이 때쯤이면 '왜 이런 맛 집이 이런 구석에 박혀 있나' 하는 원망 섞인 푸념이 쏟아져 나오기 시작한다.

고소한 자극이 무뎌질 때쯤 양념장으로 비빈 밥에 시선을 옮긴다. 알록달록 색이 든 조밥은 모양도 좋지만 맛깔스럽다. 나머지 반 공기도 입에 털어 넣고 싱건지 국물로 웅웅거리며 입가심을 하고 나면 자리에서 일어나기 싫어진다.

이 집의 묵 맛이 특별한데는 이유가 있다. 고향에서 친언니가 보내준다는 질 좋은 메밀을 일일이 손으로 씻어 옥상에 있는 정미기계로 직접 빻아서 껍질을 채에 걸러낸다. 액체 상태의 메밀을 은근한 불에서 오래도록 고아내면 걸쭉해지는데 스테인레스 대접에 한 그릇씩 덜어서 식히면 매끄럽고 보드라운 메밀묵이 완성된다.

반나절 이상을 숙이고 작업하느라 허리가 끊어질 듯 하다는 이 일을 매일같이 반복하는 것은 대단한 중노동이지만 오늘도 메밀묵을 찾는 손님들 때문에 중단할 수 없다는 것이 봉화묵집 안주인 할머니의 순박한 고집이다.

칼국수를 먹으러 이 집을 찾는 손님들도 많다. 조금 과장하자면 소면처럼 얇고 가는 면이 대접 한 가득 채워져 나오는데 씹을수록 고소하다. 이유는 콩가루 때문이다. 밀가루와 콩가루를 알맞게 섞어 반죽하다보니 쫄깃하고 고소한 맛이 더욱 깊어진다.

4인 기준으로 묵 두 그릇, 칼국수 두 그릇 그리고 각자의 양에 맞춰 조밥을 시키면 알맞다.

MENU

메밀묵 4,500원   손칼국수 4,000원   부침 5,000원
조 밥 1,000원   손 만 두 4,500원

INFORMATION

- 전화번호 : 02 - 918 - 1668
- 영업시간 : AM 11:00 ~ PM 7:00 (1,3번째 월요일 휴무)
- 위   치 : 성신여대 사거리에서 아리랑 고개 쪽으로 직진 고개를 넘어
             큰길과 합류하기 직전에 좌회전 후 70m 진입
- 주   차 : 가게 앞 3 ~ 4대 가능

이런 맛 처음이야, 독특한 맛~

17 바다식당

바닷고기를 파는 횟집이 아니랍니다.
존스탕을 맛보세요

2003년 10월의 마지막 날 아침 신문에 난 기사는 온 국민을 분노로 몰아넣었다.

"…경찰에 따르면 용산 미8군 인근 B음식점 주인인 유씨는 지난 2001년 1월부터 미군부대 사병식당 조리사 김씨 등으로부터 미군이 먹다버린 스테이크 등 음식찌꺼기를 헐값에 구입, 부대찌개로 만들어 3억 원 어치를 판매한 혐의를 받고 있다…."

부대찌개 비리 기사가 나오면 당장 그 날부터 부대찌개 가게 앞에는 개미 한 마리 얼씬거리지 않는다.

그러나 이런 와중에도 단 한 곳 바다식당 만큼은 흔들림이 없다. 위생과 청결 그리고 엄선된 소시지와 햄을 쓰는 덕분에 오히려 손님들이 더 몰려든다. 구석진 뒷골목에 자리 잡고 있는데도 신발 벗어 놓을 자리가 없을 정도다.

나지막한 문을 열고 들어서면 실내는 주방을 중심으로 이분된다. 오픈된 주방은 사방팔방으로 노출되어 있는데 얼마나 깔끔을 떨어 대는지 벽이며 식기들이 반짝거린다.

이 집의 주 종목인 '존스탕' 을 시키고 앉아 있으면 반찬을 차려준다. 배추김치와 깍두기, 고추볶음, 오징어젓갈, 우엉채 조림이 전부지만 달달한 맛이 입에 감긴다.

존스탕은 10여년의 독일이민 생활을 정리하고 귀국한 안주인이 직접 개발한 메뉴다. 이민 시절 먹었던 여러 가지 재료를 넣고 얼큰하게 끓인 이 찌개는 부대찌개와 닮아 있으면서도 많은 차이를 보인다.

가장 큰 차이는 김치 대신 양배추와 양파를 넣는 것인데 그래서인지 훨씬 부드럽고 개운하다. 두 가지 야채에서 쏟아내는 단맛은 고춧가루의 날카로움을 보듬어 준다.

국물도 사골과 양지머리를 넣고 하루를 끓여낸 육수를 이용해서 혀에 닿는 촉감이 녹녹치 않다.

이런 맛 처음이야, 독특한 맛~

바다식당

김치를 넣은 부대찌개와 달
리 양배추와 양파를 넣고 도
톰하게 깍둑썰기한 햄과 소
시지, 감자 등을 넣고 끓인
20년 역사의 존스탕

햄, 소시지, 소고기, 브로닝, 감자, 양파, 고추 등을 넣고 다시 한 번 끓여낸 뒤 마지막으로 슬라이스치즈를 얹어 준다. 상에 오른 찌개 속에서 눈처럼 녹아내리는 치즈가 국물의 고소함을 더해 준다.

또 한 가지 특징이라면 바다식당의 햄과 소시지 그리고 브로닝은 큼직하다는 것이다. 자잘하게 몇 조각 넣어주고 흉내만 내는 일반 식당에 비하면 그 양이 서너 곱절은 되고도 남는다. 도톰하게 깍둑 썰기한 햄과 소시지는 뜨거운 국물 속에서 진을 뺏는데도 탄력이 살아있다. 아무리 먹어도 줄지 않는 푸짐함과 감자를 넣고 푹 끓인 육수의 걸쭉함이 20년 넘도록 손님들의 발길을 볼모로 잡고 있다.

이 외에도 추천할 만한 메뉴는 '소시지'와 '폭찹'이다. 치지직 소리가 날 정도로 뜨겁게 달군 철판 위에 서빙되는 어린아이 팔뚝만한 소고기 소시지와 말랑말랑 부드러운 칠면조 소시지는 보기만 해도 먹음직스럽다. 소고기 소시지는 쫄깃함이 특징인데 씹는 소리가 귓전을 울릴 만큼 탄력이 좋다. 이에 비해 칠면조 소시지는 카스테라처럼 몰캉거린다.

단맛을 즐기는 분들이라면 바다식당의 바비큐를 놓치면 안된다.

달콤한 소스를 발라 구워주는 소고기나 돼지고기 바비큐는 입에서 살살 녹는다. 씹을 틈도 없이 넘어가 버리는 매력 때문에 얼큰한 존스탕에는 바비큐가 안성맞춤이다.

메뉴판에는 적혀 있지 않지만 단골들은 향긋하고 새콤달콤한 소스의 '폭찹'을 남몰래 즐긴다. 산지에서 직접 잡은 돼지고기 살을 압력솥에서 쪄내 바비큐 소스를 넣고 볶아 주는데, 속까지 깊이 양념이 배어 있는 고기는 한 입 무는 순간 유명 스테이크 하우스에 앉아있는 듯한 착각을 불러 일으킨다.

폭찹을 먹으려면 사전에 확인을 하는 것이 좋다. 광우병 등으로 돼지고기 값이 심하게 오르면 단골들에게도 내놓지 않아 허탕을 치는 경우가 있기 때문이다.

MENU

존 스 탕 (소) 12,000원	소갈비 바비큐 15,000원
존 스 탕 (대) 17,000원	돼지갈비 바비큐 9,000원
소고기 소시지 16,000원	칠면조 소시지 9,000원

INFORMATION

· 전화번호 : 02 - 795 - 1317   · 영업시간 : PM 12:00 ~ PM 10:00
· 위   치 : 이태원 제일기획에서 6호선 이태원역 쪽으로 내려가다가
              왼쪽 버들약국 골목으로 들어가 50m 정도 직진을 한 골목 왼쪽
· 주   차 : 가게 앞 2~3대 가능

이런 맛 처음이야, 독특한 맛~

18 홍복

금옥만당 (金玉滿堂)의 진정한 의미를
보여 드립니다

돼지고기를 넣은 고기 왕만두, 야채만으로 소를 한 야채 왕만두,
찐만두, 물만두 그리고 생선만두까지 만두 맛 하나만큼은 무엇과도
바꿀 수 없을 만큼 빼어난 집이 연희동의 '홍복' 이다.

주차 시설도 없고 가게도 그리 넓은 편이 아니지만 군만두를 빼
고 거의 모든 종류의 만두를 맛볼 수 있어서 자주 찾는 곳이다.

왕만두는 양이 너무 많아 1인분도 혼자 해치우기가 버겁다. 그래
서 여러 가지의 만두를 맛보려면 서너명이 동행을 해야 한다.

시작은 무겁지 않은 물만두로부터 출발하는 것이 좋다. 주문을
하면 냉동해 두었던 만두를 꺼내서 삶느라 시간이 조금 걸리지만
그리 지루할 정도는 아니다. 물이 끓기 시작하면 만두를 넣고 한소
끔 더 끓이다가 찬물을 붓고 숨을 죽인 뒤 다시 한 번 끓어오르면

또 다시 찬물 붓기를 반복한다. 만두 속까지 골고루 익히면서도 탄력을 잃지 않게 하려는 노하우다.

나지막한 접시에 담겨 나오는 도톰한 크기의 물만두는 겉으로 보기에도 튼실하고 탱탱하다. 뜨거운 김이 모락모락 올라오는 물만두를 하나 집어 입에 넣으면 폭신하게 터지며 육수를 쏟아낸다. 돼지고기와 야채에서 배어 나온 뜨끈한 물이 순간적으로 혀를 깜짝 놀라게 하지만 이내 열기가 잦아들며 보드랍고 고소한 만두소가 풀어진다.

입 안이 적당히 촉촉해졌다면 찐만두를 먹는 것이 제대로 된 수순이다. 향이 약한 것부터 먹기 시작해야 쉬 질리지 않기 때문인데 만두소는 대동소이하지만 물만두에 비해 다소 맛이 강하다. 쫀득쫀득한 만두피 속에 고스란히 갇혀있던 내용물들이 깨무는 순간 고유의 향미를 고스란히 뿜어낸다.

삶는 것보다는 찌는 것이 만두피의 탄력을 살리는 데는 훨씬 더 효과적인 조리법이다. 입에 넣고 씹는 순간 쩍쩍 소리를 내며 어금니에 들러

붙는다. 질감 자체가 쫀쫀하다 보니 혀에 다다르는 맛도 암팡지고 야무지다. 물만두나 찐만두 모두 서너 번의 젓가락질에 사라지지만 고기 왕만두는 상황이 다르다.

성인 남자 주먹의 1.5배는 족히 될 만큼 듬직한 크기의 만두 세 개가 접시에 담겨 나오는데 모양새만 보면 만두라기보다는 찐빵에 가깝다. 양손으로 움켜쥐고 크게 한 입 베어 문 다음 속을 들여다보면 물만두나 찐만두의 만두소처럼 서로 엉켜있는 것이 아니라 제 각각 흩어져 따로 놀고 있다.

속이 궁금해 살짝 손으로 밀어보니 언뜻 돼지고기와 부추, 당면, 양파, 유부, 버섯 등이 얼굴을 내민다. 맛이 참 오묘하다. 서로가 서로의 영역을 침범하지 않으면서도 부족한 부분을 충분히 감싸 안는다. 만두소가 차고 넘쳐 잠시 기울이기라도 하는 날에는 쏟아지기 십상이다.

한국 사람들은 쉽게 도전하지 못하는 생선물만두도 한 번 맛을 들이면 푹 빠지게 된다. 돼지고기 대신 잘게 다진 참치로 속을 채웠기 때문에 식으면 비린내가 진동하지만 끓는 물에서 바로 꺼내 뜨거울 때 입에 넣으면 고기만두는 '저리가라' 할 만큼 개운하다. 생선살과 어우러진 만두소가 말캉하게 씹히는데 마치 두부가 풀어지 듯 흐트러진다.

주방에서 주문을 받는 아주머니와 의사소통이 명확히 이루어지 지 않아 간혹 답답할 때도 있지만 그게 무슨 대수겠는가? 만두만 맛 있으면 그만이지!

금옥관자가 방 안에 가득하다는 뜻을 가지고 있는 '금옥만당(金 玉滿堂)' 이라고 적힌 중국식 인테리어 소품이 눈에 띈다. '현명한 신하가 조정에 가득함'을 비유하여 이르는 말인데 맛있는 만두와 이를 즐기는 현명한 손님들로 가득하니 홍복이 곧 조정인 셈이다.

MENU

고기왕만두 4,500원	생선물만두 6,000원	찐만두 4,000원
야채왕만두 4,500원	고기물만두 4,000원	

INFORMATION

· 전화번호 : 02 - 323 - 1698   · 영업시간 : AM 9:00 ~ PM 9:00
· 위   치 : 마포구 연남동 삼영목욕탕 앞, 홍대입구역 4번 출구 직진,
　　　　　　수협옆 2차선 도로 약국 옆
· 주   차 : 불가능

이런 맛 처음이야, 독특한 맛~

19 제니스

꿈을 끼운 샌드위치

샌드위치는 천차만별의 맛을 간직하고 있다. 아무 재료나 찔러 넣으면 완성이 된다고 생각하는 이들이 많겠지만 재료를 배열하는 순서나 구성물의 비례에 따라 맛의 차이가 크게 나는 까다로운 음식이 바로 샌드위치다.

싱싱한 야채를 많이 넣으면 아삭거리고 생동감이 넘치지만 이 또한 과하면 축축해지기 쉽다. 편리함을 앞세워 병입되어 있는 피클을 마구잡이로 채워 넣으면 새콤함이 지나쳐 인상을 찌푸리게 될 수도 있다.

메인 재료가 되는 햄이나 소시지도 마찬가지다. 든든히 먹겠다는 생각이 앞선 나머지 빵의 크기나 부속 재료들의 양을 고려하지 않고 두 장, 세 장 겹쳐 깔았다가는 묵직하다 못해 퍽퍽한 맛을 경험하게 된다. 또 다이어트를 고려해 육류의 비중을 한없이 낮추면 그저 빵 사이에 야채샐러드를 끼운 것처럼 맹숭맹숭해진다.

치즈도 예외는 아니다. 여러 가지 재료들의 화합을 돕는 역할로 치즈만한 것이 없지만 욕심이 과해지면 향과 간이 지나쳐 다른 재료들의 맛을 뭉개버리는 훼방꾼으로 전락해 버리기 십상이다.

신촌으로 접어드는 길가 모퉁이에 수줍게 자리 잡은 제니스는 빨간색 벽돌 때문인지 주변에 묻혀 그냥 지나치기 쉽다. 샌드위치 전문점이란 사실을 잠시 잊고 감상을 하면 마치 작은 커피숍이 연상될 정도로 아늑하다.

이 집은 모두 아홉 가지의 샌드위치를 준비하고 있다. '마르게리따, 풍기, 프로쉬또, 멜란자네, 만조, 베르데, 포르마지오, 뽈로 그리고 제니스 샌드위치'.

언뜻 보아도 이탈리언 스타일의 샌드위치임을 눈치 챌 수 있는데 그래서인지 토마토와 블랙 올리브, 바질, 발사믹비네거 등의 재료들이 많이 사용된다.

주문을 마치자 주방의 손길이 바빠진다. 샌드위치 집에서는 만드는 모습을 구경하는 것도 볼거리 중 하나다.

제니스

'마르게리따, 풍기, 프로쉬또, 멜란자네, 만쪼, 베르데, 포르마지오, 뽈로 그리고 제니스 샌드위치' 9가지 샌드위치와 9가지 꿈

커다란 빵을 쓱쓱 자르고 재료를 꺼내 하나하나 정성껏 쌓아올린다. 부담스럽게 켜켜이 쌓는 방식이 아니고 얌전하게 펼쳐 놓는 스타일이라 균형을 잃을 정도로 위태롭게 부풀어 오르지는 않는다.

직접 반죽을 하고 발효를 해서 굽는 제니스의 빵 위에 이탈리언 수제 햄을 놓고 루꼴라, 브리 치즈를 군데군데 올려 구운 토마토로 마무리하는 '프로쉬또(prosciutto)'가 먼저 테이블을 차지한다. 감자튀김과 야채 절임을 곁들인 프로쉬또는 작은 케익 정도 크기는 될 만큼 푸짐하다.

찬찬한 손맛 덕분에 재료들이 뒤엉켜 특색을 잃는 일은 없다. 바삭한 빵과 짭짤한 햄 그리고 포슬포슬 향을 피우는 치즈의 맛까지 구운 토마토만큼이나 정확히 분간이 된다.

어줍잖은 소스 맛에 익숙해져 있는 분들이라면 뭔가 심심하게 느껴질지 모르겠지만 신선한 재료가 각각의 포지션을 지키며 맡은 바 임무를 충실히 해내는 샌드위치를 원하시는 분들이라면 분명 엄지손가락을 치켜세우고 말 것이다.

감동을 이어나가는 '포르마지오(formagio)'는 치즈가 핵심이다. 빵과 빵 사이에 토마토를 넓적하게 넣고 그뤼에르, 아펜젤, 에멘탈

치즈를 둘러 오븐에서 구워낸 샌드위치는 잘라진 단면에서 치즈가 녹아내린다. 은근한 치즈의 맛이 지루하게 느껴질 때쯤 구석구석 포진하고 있던 구운 토마토가 상큼함을 내뿜는다.

갓 구운 빵을 식혔다가 틀이 단단해지면 사용할 만큼씩 잘라 재료를 넣고 다시 한 번 오븐에서 구워 내오는 까닭에 속 재료의 수분에도 불구하고 시종일관 바삭함을 잃지 않는다.

정성을 다해 주문을 받고, 공을 들여 재료를 준비하고, 끊임없이 새로운 메뉴를 개발하는 모습을 보고 있노라면 '꿈을 끼운 샌드위치'를 먹고 있다는 기분 좋은 착각을 하게 된다.

MENU

제니스 크레마 (스프)	3,500원
프로쉬또 (햄 + 치즈 + 토마토)	6,700원
포르마지오 (스위스 치즈 + 토마토)	7,200원
풍기 (버섯 + 모짜렐라)	6,800원
멜란자네 (파마산 치즈 + 구운 가지)	6,900원

INFORMATION

· 전화번호 : 02 - 3141 - 7891   · 영업시간 : AM 11:30 ~ AM 12:00
· 위   치 : 홍익대 정문에서 오른쪽으로 100m, 훼밀리마트 옆 건물
· 주   차 : 가능

이런 맛 처음이야, 독특한 맛~

20 가야밀면

자장면 집에서 밀면을 판다구요?

중국집하면 의례 떠오르는 것이 자장면과 짬뽕에 탕수육일 텐데 여름철 부산의 중국집 풍경은 사뭇 다르다. 가게 앞에 큼직하게 매달려 있는 천으로 만든 안내 간판이 눈길을 잡아끈다. 궁금한 마음에 확인해보니 밀면이라고 쓰여 있다.

밀면? 동행하던 HD 편집의 전문가 K군에게 물어보니 밀면은 부산의 인기 음식이란다. 밀가루로 만든 면에다 냉면처럼 육수를 부어 먹는다는 말에 귀가 솔깃해져 호기심으로 밀면 한 그릇을 해치웠던 기억이 난다. 나와 밀면의 만남은 그렇게 시작되었다.

원래 밀면은 이북 음식이라고 한다. 벼농사 대신 메밀이나 조, 수수, 녹두 등을 주로 재배하던 북부 지방에서는 냉면이 발달했는데 밀가루는 흔치 않은 재료라서 귀한 대접을 받았다는 것이 실향민들의 한결같은 주장이다. 이렇게 귀한 밀가루를 구하기라도 하는 날

에는 반죽을 하고 국수를 뽑아 동치미 국물에 말아 먹었는데 메밀
처럼 툭툭 끊어지지 않는 쫄깃함 덕분에 별미로 대접받았다.

한국 전쟁과 함께 남한 땅에 정착한 실향민들은 고향에서 맛 본
밀가루 면을 못 잊어 별식으로 해 먹었고 손맛 좋은 아낙네들은 시
장 통에 천막을 치고 미군 부대에서 흘러나온 밀가루로 국수를 만
들어 팔기 시작했다. 이것이 밀면의 시초다.

시간이 흐르면서 이런저런 시도들이 행해졌고 밀가루에 전분이
나 소다 가루를 섞어 탄력있고 쫀득한 질감을 살리기에 이르렀다.
육수도 처음에는 고작해야 동치미 국물 정도였지만 하나 둘 밀면
집들이 늘어나면서 냉면처럼 고기 육수를 만들어 넣기도 하고, 감
칠맛을 강조하기 위해 한약재나 과일을 우려 넣기도 했다.

밀면의 면발은 우동보다는 가늘고 냉면보다는 굵다. 탄력도 냉면
보다는 못하지만 일반 밀가루 국수보다는 훨씬 쫄깃하다.

이 맛에 사로
잡히면 헤어 나
오기 힘들 정도
로 중독성이 강
한데 고향을 떠
난 부산 사람들
이 객지에 나와
가장 그리워하는

음식이 바로 밀면이란다. 부산의 유명한 밀면집 가운데서도 가야밀면을 높이 평가하는 사람들이 많은데 서울에도 같은 상호를 쓰는 밀면집이 하나 있다. 목동의 '가야밀면' 이다.

커다란 냉면 그릇에 담긴 밀면은 무생채, 오이, 배 그리고 베이컨처럼 얇게 썬 사태살 두 점이 웃기로 오르는데 그리 푸짐해 보이지는 않는다. 반면 국수의 양은 꽤 많다.

면발 한 가운데 젓가락을 찔러 넣고 풀어헤친 다음 그릇을 양손으로 붙잡고 육수를 한 모금 마신다. 차디찬 육수는 새콤하고 달콤한 맛을 동시에 표현하는데 마구잡이로 식초를 넣어 인상을 찌푸리게 하는 거슬릴 정도의 신맛은 아니다.

헤집어 놓은 면발을 가늘게 말아 올려 입에 넣고 씹으면 탄성이 절로 나온다. 쫄깃하지만 질기지 않은 면발은 테이블 위에 올려놓은 가위가 필요 없을 정도로 쉽게 끊긴다.

볼이 미어지도록 씹어도 거북스럽지 않다. 대접을 들어 다시 한 번 국물을 들이키면 처음과는 느낌이 다르다. 밀면을 씹고난 뒤에서 기분이 다를 수도 있겠지만 분명 무엇인가 숨어 있는 잔잔한 맛이 빼꼼히 고개를 치켜든다. 고기를 우려낸 육수의 뒷맛이다.

아나나 다를까 양지와 사태를 기본으로 각종 야채를 곁들여 우려
낸 국물이란다. 배합이 묘해 알아차리지 못했을 뿐 미각을 곤두세
우고 맛을 음미해 보면 새콤달콤함 뒤에 고기 특유의 은은한 맛이
배어 나온다.

단맛이 강하면 쉬 물리는 것이 당연한데 가야밀면의 육수 속에
담긴 단맛은 주제넘게 나서는 법이 없다.

비빔밀면은 혀를 어지럽게 하는 자극적인 매운맛은 빠져 있지만
고추양념의 날카로움은 살아 있다. 색깔이 벌겋고 면의 색이 노릇
해 언뜻 쫄면 같은 느낌이 들지만 훨씬 부드럽다.

가야밀면의 메뉴 구성은 다양하고 독특하다. 밀면을 따뜻한 국물
에 말아주는 온면이 있는가 하면 쑥, 솔잎, 오이 등의 야채즙으로 반
죽을 만들고 면을 뽑은 쑥 냉면, 솔잎 냉면, 오이 냉면 등도 있다.

MENU

가야밀면 4,000원	쑥 냉 면 5,000원	솔잎냉면 5,000원
메밀냉면 5,000원	오이냉면 5,000원	가야온면 4,000원
함흥냉면 5,000원	냉콩국수 4,000원	

INFORMATION

· 전화번호 : 02 - 2606 - 9980　　· 영업시간 : AM 10:00 ~ PM 9:00
· 위　　치 : 5호선 목동역 7번 출구로 나와 직진 후,
　　　　　　 훼미리 마트에서 우회전 직진하다가 두 번째 골목에서 좌회전
· 주　　차 : 가게 앞 2~3대 가능

이런 맛 처음이야, 독특한 맛~

21 성내식당

**혀가 아릴 정도로 아찔하고
짭짤한 젓갈의 향연**

한반도는 젓갈의 천국이라고 해도 과언이 아니다. 계절과 지역을 대표하는 젓갈들은 나열하는 것만으로도 입 안에 군침이 고인다.

서울을 포함한 경기 지방에서는 비웃젓(청어), 조기젓, 오징어젓, 새우젓을 담고, 충청도 지역에서는 어리굴젓, 굴젓, 꼴뚜기젓, 해피젓(바지락), 곤쟁이젓, 꽃게젓, 박하젓, 싸시랭이젓(꽃게의 새끼)을 담는다. 강원도에서는 젓갈의 일종인 북어밥식해, 도루묵식해, 명란식해, 멸치식해를 즐기고, 경상도에서는 꽁치젓, 성게젓, 대구포젓, 대구알젓, 뱅어젓, 가자미식해 등을 만들어 먹어왔다. 음식에 관한 한 별천지라는 소리를 듣는 전라도에서는 고흥석화젓, 돔배젓(전어내장), 대합젓, 고록젓, 황석어젓, 전복창자젓 등으로 손맛을 이어간다. 바다 건너 제주에서는 자리젓, 고등어젓, 깅이젓, 게웃젓

(곤쟁이) 등을 담아 일년 내내 상비군으로 활용을 하는데 어느 것 하나 밥반찬으로 어울리지 않는 것이 없다.

현지가 아니면 제대로 된 젓갈 맛을 보기 어렵지만 이렇듯 짭쪼름한 젓갈이 생각나거나 입맛이 떨어지면 신당역으로 간다. 지하철역 계단을 뛰듯이 한걸음에 올라서서 골목길로 접어들면 그리운 고향의 맛 '성내식당' 이 반긴다.

예닐곱 개의 좌식상이 늘어져 있는 작디작은 가게에 들어서면 제일 먼저 쿰쿰한 젓갈의 향이 반갑게 인사를 한다.

주문을 받고 나서 밥을 짓는 까닭에 미리 전화를 해 놓지 않으면 한 10분 정도 기다려야 한다.

주방에서 밥 타는 냄새가 솔솔 풍겨오기 시작하면 상 위로 10여 가지의 짠지와 젓갈들이 오른다. 쾌쾌한 냄새가 물안개처럼 상을 뒤덮는다.

본능적으로 몸을 피해 뜨겁게 열이 올라 있는 돌솥밥을 받는다. 순식간에 대접으로 밥을 퍼서 옮기고 주인아주머니에게 솥을 밀어준다. 누

이런 맛 처음이야, 독특한 맛~

성내식당

주방에서 밥 타는 냄새가 솔솔 풍겨오기 시작하면 어리굴젓, 낙지젓, 멸치젓, 황석어젓 등 10여 가지의 젓갈과 짠지가 상 위에 오른다.

룽지를 끓여 달라는 말없는 몸짓이다.

뒤도 돌아보지 않고 밥을 한 숟가락 넉넉히 잡고 어리굴젓을 올린다. 뜨거운 밥 때문에 쌉쌀해지는가 싶더니 곧바로 흥건한 굴 즙을 토해내며 단맛으로 변한다. 흐물흐물 거리는 어리굴젓에 밥을 몽땅 비비고 싶지만 참아야 한다.

살캉살캉 씹히는 낙지젓을 한 젓가락 넣고 호박잎에 밥을 떠 넣는다. 이렇게 하지 않으면 혀가 오그라들어 절대로 다른 젓갈들의 맛을 구분하기 어렵다.

잠시 입 안이 정화가 되면 기다랗고 편안하게 누워 있는 멸치젓을 밥공기로 옮긴다. 액젓이 아니기에 통통한 멸치 한 마리를 통째로 먹어야 한다. 숨을 죽이고 누워 있을 때는 몰랐는데 쌀밥과의 어울림이 제법 구뜰하다. 된장찌개에 넣고 푹 끓인 멸치 마냥 살이 몰랑거리고 쉽게 씹힌다.

알싸한 맛의 갓김치와 진득한 맛의 묵은 김치볶음 그리고 칼칼함을 몰래 숨기고 있는 고추절임까지 순번을 돌리고 나면 밥이 반으로 줄어든다.

이제부터는 안배에 힘을 쏟아야 한다. 그렇지 않으면 다른 반찬에 손도 대보지 못하고 상을 물려야 하는 불상사가 생길지도 모른다.

숨을 고르는 셈치고 꼬리한 청국장을 몇 숟가락 떠먹고 다시 밥을 한 숟가락 뜨고 황석어젓과 함께 입에 넣으면 어그적거리며 씹힌다. 짠 국물이 흘러 다시 한 번 밥공기로 손이 가지만 이미 비어 있기 일쑤다. 공기밥을 추가하지 않을 수 없다.

물론 누룽지가 남아 있기는 하지만 남아 있는 반찬들이 맨밥과 궁합이 맞기 때문이다. 양이 많아 보이게 밥을 풀어 헤치고 강된장을 넣어 썩썩 비빈다. 된장으로 무친 시래기, 고추장에 박아 놓았던 더덕장아찌, 물기가 촉촉한 가지 나물 등으로 순서를 돌리면 어느새 추가한 밥마저 사라지고 만다.

혀가 아릴 정도로 반찬들이 짭짤해 밥을 많이 비웠다는 생각이 전혀 들지 않을 때쯤 시간 맞춰 올라오는 푹 끓인 누룽지가 반갑기만 하다. 애써서 남겨 놓은 간장 게장이 실력을 발휘할 때다. 죽처럼 풀어진 누룽지를 한 입 가득 물고서 게를 해체한 후 다리를 잡고 쪽쪽 빨면 살이 흐드러지듯 밀려나온다. 적당히 익은 간장게장은 누룽지보다 먼저 접시를 떠난다.

2인분 이상만 주문을 받는 까닭에 소문을 듣고 찾아온 나 홀로 손님들이 허탕을 치는 일이 빈번하지만 오기로라도 다시 찾게 만드는 묘한 매력을 간직한 밥집이다.

서너 명이 찾아가면 기본 반찬에 추가로 내주는 별미들도 맛볼 수 있다.

이런 맛 처음이야, 독특한 맛~

MENU

청국장 뚝배기 백반　7,000원	갈치찌개 뚝배기 백반　8,000원
굴비 뚝배기 백반　8,000원	생태찌개 뚝배기 백반　9,000원
갈치구이 뚝배기 백반　8,000원	삼치구이 뚝배기 백반　8,000원
고등어구이 뚝배기 백반　8,000원	

INFORMATION

· 전화번호 ： 02 - 2252 - 5878　　· 영업시간 ： AM 11:00 ~ PM 10:00
· 위　　치 ： 신당역 6번 출구로 나와서 파출소 옆 골목으로 들어가서 직진
· 주　　차 ： 불가능

22 풍년명절

　'황해도 전통 음식점' 이라는 그리 익숙하지 않은 타이틀을 앞세워 독보적인 인기를 누리고 있는 한정식 집이 풍년명절이다. 요리연구가 추향초 선생의 고집스런 손맛이 한껏 입맛을 돋우는데 가격 대비 음식의 질이 탄탄하다.

　메뉴판을 펼치면 곧바로 고민이 시작된다. '정식과 온반 그리고 굴밥'을 어떻게 적절히 배치하느냐에 따라 그 날의 만족도가 달라질 수 있기 때문이다.

　일행이 셋이라면 '정식 2인분에 온반 1인분'이 좋고, 넷이라면 '정식 2인분에 굴밥 2인분'을 주문하는 것이 좋다. 정식만 맛을 보려면 제일 푸짐한 특정식이 좋겠지만, 다른 음식도 주문할 요량이라면 명절정식도 괜찮다.

이런 맛 처음이야, 독특한 맛~

　　서양식 코스요리처럼 한두 가지씩 손님상을 메워나간다. 동치미 국물로 입을 씻어내고 탕평채로 손을 뻗는다. 하얀 청포묵과 까만 김, 그리고 노란 계란지단이 소고기 채와 버무려져 한껏 입맛을 잡아끈다. 매끌매끌 거리는 재료들이 혀 위에서 힘없이 녹아버린다.

　　홍어처럼 톡 쏘는 강렬함은 빠져 있지만 결대로 살을 발라 갖은 야채에 버무린 가오리찜도 씹히는 질감이 좋다. 탄력있는 속살과 오독오독 거리는 뼈 그리고 아삭거리는 미나리와 양파의 어우러짐이 만족스럽다.

　　우툴두툴 못생긴 만두는 생김새는 투박하지만 하나만 맛을 봐도 이내 불평이 사라진다. 쫄깃한 만두피가 찢어지며 소를 밀어내는데 혀 위에 쏟아진 두부와 배추 그리고 갖은 양념에서 쏟아져 나오는 향이 벌린 입을 다물 수 없게 한다.

　　바삭하게 구워진 녹두전도 마찬가지다. 한 입에 쏙 넣을 수 있을

정도로 작은데, 맛이 썩 괜찮다.

　　국물이 없는 요리들이다 보니 이즈음에 내오는 북어국이 무척이나 반갑다. 무와 고추 그리고 북어만 넣

어 끓인 북어국은 개운하고 시원한데
잡맛이 전혀 없고 진하다. 혼신의 힘
을 다해 진을 뺀 듯 북어가 부드럽
게 부서진다.

  슬슬 식욕이 치밀어 오를 즈음
상 위에서 오색찬란한 향연이
시작된다. 오리구이와 야채무
침을 가운데에 두고 오색전과 무편
이 둘레를 포진하고 있는 '오리오색전쌈'이 주인공이
다. 초록색, 자주색, 노란색, 빨간색, 하얀색 밀전병 중 한 장을 골라
달착하게 구운 오리구이 한 점과 야채를 올려 구절판처럼 싸 먹는
방식인데 손을 대기 아까울 정도로 앙증맞고 깜찍하다.

  쫀득하고 탱탱한 육질의 오리구이는 쌈을 할 때 곁들이는 된장소
스 덕분에 더욱 맛이 살아난다. 그저 묵직하기만 한 쌈장이 아니고
유자를 갈아 넣어 상큼함이 살아 숨쉬는 말 그대로 소스이다.

  오색전으로 쌈을 하면 고기의 맛이 앞서지만 핑크색의 무편으로
쌈을 하면 고기 맛이 무의 아삭함 뒤로 조용히 물러난다.

  뒤를 따르는 갈비살을 구워 야채샐러드와 함께 입에 넣으면 만족
도는 하늘을 찌른다. 달달하면서도 쫄깃한 갈비살과 추선생이 단호
박과 고구마 그리고 낑깡 등의 10여 가지 천연야채를 섞어 심혈을 기
울여 만들었다는 샐러드의 드레싱은 환상에 가까운 조화를 보인다.

이런 맛 처음이야, 독특한 맛~

　요리가 거의 끝나지 않았나 싶은데 활어도미찜이 상 위로 오른다. 고춧가루를 듬뿍 넣고 조리듯 찐 도미는 밑간이 잘 되어 있어 속살과 양념이 겉도는 일이 없다.

　슬슬 미리 주문한 '찹쌀생굴밥'을 청해 본다. 커다란 돌판 위에 참기름, 무채, 찹쌀을 넣고 지은 굴밥을 상에 올린 후 뚜껑을 열면 방 안이 온통 참기름과 굴의 향기로 진동을 한다.

　오동통한 굴을 집어 입에 넣으면 혀가 녹는지 굴이 녹는지 모를 정도로 살살거린다. 기름과 밥에 섞인 굴의 향이 지나치다 싶을 만큼 고소하다.

　통깨와 고추, 파를 잔뜩 넣어 만든 양념장을 둘러 척척 비비면 양념 맛이 그대로 혀를 포박한다.

　이 집 돌솥밥의 특징은 무와 함께 채 썬 감자를 넣고 밥을 짓는다는 점이다. 시원한 무맛에 폭폭하고 고소한 감자의 맛이 어우러져 무채만으로 지은 굴밥과 비교하면 맛이 훨씬 진득하고 풍만하다.

　반찬으로 나오는 창란젓도 입맛을 돋우는데 한 몫을 한다. 속을 빼고 양파 과일즙에 담궈 24시간 숙성시킨 창란젓은 맛이며 질감이 색다른 경험이다. 거칠고도 짭짤한 자극 때문에 젓갈을 피하는 분들이라도 이 집 창란젓 맛을 한 번 보고 나면 금새 매니아로 돌변할 것이다.

　마무리는 역시 누룽지다. 숟가락을 거꾸로 잡고 바닥을 휘휘 저으면 어느새 퉁퉁 부은 밥알들과 기름이 동동 뜬 누룽지 한 대접이 완성된다. 굴과 야채 그리고 참기름에서 배어 나온 맛이 마치 옅은 간을 한 국밥처럼 느껴진다. 물대신 북어국물을 넣어 눌은밥을 불리면 이 또한 별미다.

MENU

풍 년 정 식 15,000원	황 해 도 정 식 25,000원
명 절 정 식 20,000원	찹 쌀 생 굴 밥 10,000원 (가을, 겨울)
풍 년 특 정 식 30,000원	닭고기 평양온반 7,000원

INFORMATION

· 전화번호 : 02 - 306 - 8007   · 영업시간 : AM 10:00 ~ PM 10:00
· 위   치 : 은평구 응암3동 동사무소 옆 (응암시장 맞은 편 골목 안)
· 주   차 : 가능

이런 맛 처음이야, 독특한 맛~

23 소양강

그렁치라는 물고기를 아시나요?

코트 깃을 여미게 되는 차가운 겨울이 오면 가장 먼저 떠오르는 음식이 얼큰한 매운탕이다. 그 중에서도 식도락가들의 인기를 독차지하는 메뉴가 바로 민물매운탕이다. 뜨거운 국물과 씨름하다 보면 어느새 동장군도 저만치 달아나버린다.

대표적인 민물매운탕의 종류는 메기나 빠가사리지만 제대로 맛을 내는 집을 찾기란 하늘의 별따기다. 민물고기는 바닷고기에 비해서 흙 냄새나 비린내가 심해서 손맛을 유지하기 어려운데 재료가 부실하거나 실력이 모자라면 여지없이 티가 난다.

매운탕의 맛을 좌우하는 것은 뭐니뭐니해도 싱싱한 민물고기로 내공이 느껴지는 국물 맛을 한 번 보고 나면 중독이 되고 만다.

그래서일까? 천연기념물인줄 알면서도 천렵을 감행하는 용감무식한 군상들이 사라지지 않고 있으니 말이다. 2003년에도 어름치를 잡아 매운탕을 끓여 팔던 지역 업자들이 경찰의 단속망에 걸려 망신을 당하는 사건이 일어났었다. 규제와 보호 덕에 그 수가 늘어나 이제는 붕어보다 많이 잡히는 어종이 되었다고 항변을 하던 지역 주민들의 인터뷰가 TV화면을 통해 방영되는 해프닝이 있었을 만큼 민물고기들이 주목을 받고 있는 것이 사실이다.

민물매운탕의 맛은 육수의 기본이 되는 민물 새우와 잡어 그리고 수제비가 좌우한다. 살아있는 민물고기로 끓여야 고소함이 보장되고 살집이 오른 싱싱한 새우가 들어가야 육수에서 시원함이 살아난다. 수제비는 국물을 탁하게 만드는 단점이 있지만 고춧가루와 마늘, 생강 등의 드센 맛을 진정 시켜주는 역할을 한다는 점에서 빠져서는 안될 필수 요소다.

소양강에서는 독특한 매운탕을 만날 수 있는데 산 메기과의 '그렁치'가 그 주인공이다. 겉모양은 메기를 닮았지만 크기가 조금 작고 끓이면 껍질의 색이 연초록색으로 변한다. 메기와 친척이다 보니 비늘이 없고 매끄러운데, 이 소중한 고기들은 양구와 인제

근처의 계곡에서 거두어들인 것을 친인척이 지속적으로 보내준다.

커다란 냄비에 그득 담아 내주는 매운탕은 손님상에 오르기 전에 이미 한소끔 끓여서 준비되어 있다. 덕분에 그리 오래 기다리지 않고도 파릇한 미나리며 쑥갓 등의 야채를 건져 먹을 수 있는데 중간 중간 민물새우의 등을 터뜨려 살을 빼먹는 재미가 쏠쏠하다.

다 익으면 노란반죽의 수제비가 육수 위로 동동 떠오르고 하나씩 건져서 먹다보면 어느새 동이 나버린다.

부글부글 끓는 냄비 안에서는 민물고기들의 살집이 벌어지면서 슬그머니 단내가 올라온다. 속살까지 간이 충분히 밴 보들보들한 그렁치는 젓가락을 이용해서 먹기보다는 토막을 내서 통째로 입에 넣고 가시를 발라내며 먹어야제대로 맛을 즐길 수 있다.

혀에 닿는 순간 녹아버리는 그렁치의 살은 고소한 단내가 일품이다. 후루룩 후루룩 소리를 내며 국물을 넘기다보면 땀이 송글송글 맺히고 맹꽁이처럼 배가 불러오지만 남은 국물에 볶아주는 밥을 놓친다면 오늘의 식사는 무효나 다름없다.

처음 소양강이 알려지기 시작한 것은 붕어조림 덕택이었다. 붕어의 살이 튼실하고 시래기의 맛이 별나 매니아들 사이에서는 입 소문이 자자하던 집이었는데, 한국경제신문에 기고를 하던 맛 칼럼니스트 최진섭 부장의 소개 기사가 나가면서부터 손님들의 수가 기하급수적으로 늘게 되었다.

직접 말린 시래기를 두텁게 깔고 살이 통통한 붕어를 두세 마리 올린 후 양념장을 붓고 깻잎을 수북히 쌓아 푹 끓이면 비린내와 흙냄새는 연기와 함께 사라지고 냄비 속에는 단내만 남는다.

맛이 좋은 생선은 가시가 많고 날카로운 법. 확 덤벼 통째로 입에 넣고 싶지만 바늘처럼 예리한 가시들이 곳곳에 버티고 있어 인내가 필요하다. 그래서인지 고수들은 먹는 폼부터 다르다.

젓가락을 뉘여서 살을 모으고 가시의 방향을 고려해 머리쪽 방향으로 살을 빼낸다. 이미 붕어의 가시 해부도가 머리 속에 그려져 있는 듯 손놀림이 잽싸고 한 치의 오차도 없다. 뼈를 발라내는 접시를 보면 초보와의 차이가 그대로 드러난다. 이 과정을 거치면서 조금씩 조금씩 붕어조림의 매력에 빠져드는 것이다.

살과 야채를 먹는 동안에는 밥을 건드리지 않는 것이 좋다. 붕어의 단물과 양념장이 고스란히 밴 시래기를 밥에 올려 먹는 별미를 놓칠 수 있기 때문이다. 냄비의 국물까지 긁어먹고 밥공기를 싹 비우면 테이블 위에는 달랑 가시만 남는다.

부모님의 손맛에 아들과 며느리의 친절한 써비스가 보태져 오래도록 기억에 남는 별미를 만들어내는 집이다.

이런 맛 처음이야, 독특한 맛~

MENU

붕 어 조 림 (소)	20,000원		메기매운탕 (중)	20,000원
붕 어 조 림 (중)	30,000원		메기매운탕 (대)	25,000원
붕 어 조 림 (대)	40,000원		그 렁 치 (중)	30,000원
빠가사리매운탕 (중)	30,000원		그 렁 치 (대)	35,000원
빠가사리매운탕 (대)	35,000원		쏘 가 리	60,000원

INFORMATION

· 전화번호 : 02 - 713 - 4413　· 영업시간 : AM 10:00 ~ PM 11:00
· 위　　　치 : 원효로 2가 사거리 조흥은행에서 우회전, 알파문구 뒤
· 주　　　차 : 공용주차장 이용

저렴한 가격,
부담없이 가는 곳

Part 4

· 동해복국
· 옛집
· 송가네감자탕보쌈
· 양화정
· 차돌집
· 고성막국수
· 겐조라멘
· 은성오징어보쌈
· 부흥동태탕
· 진미락도시락

24 동해복국

가격은 싸도 복국 맞다니까요

싸고 맛있는 집을 발견하는 것만큼 신나고 즐거운 일이 또 있을까?

여의도 맨하튼 호텔 뒤편 정우빌딩 지하에 위치하고 있는 동해복국의 가격들은 마치 폭탄세일을 하고 있는 것처럼 보인다. 대접으로 내오는 복국은 5,000원이고, 전골 냄비에 끓여 주는 복냄비는 7,000원이다. 그렇다고 양이 적은 것도 아니다. 벌겋게 한 대접 덜어 내오는 복국에는 복어살이 세 덩어리나 들어 있다. 물론 저렴한 은복을 쓰지만 푸짐함에서만큼은 어디에 내놓아도 밀리지 않는다.

모양새는 소박해 보이지만 그 인기만큼은 절대로 소박하지 않다. 여의도의 주당들은 술 마신 다음 날이면 꾸역꾸역 이 집으로 몰려든다. 이제 막 사회생활을 시작한 신입사원부터 반백이 된 임원진까지 평등하게 한 대접씩 복국을 받을 수 있는 편안한 분위기가 이 집의 장점이다.

국물이 시원하면서도 복어 향이 그대로 전해지는 이유는 독특한 손질법에 있다. 피와 독을 제거하는 스타일은 다른 집들과 크게 다르지 않지만 국을 끓이는 방식에서는 확연한 차이를 보인다.

일차적으로 우려낸 국물을 따라버리고 물을 부어 다시 끓이는 법이 없이, 처음부터 말끔하게 손질한 복어를 그대로 넣고 육수를 만들기에 국물 맛이 진하고 향이 깊다.

까치복이나 참복만큼 보드랍게 씹히지는 않지만 오히려 얼큰한 국물에는 질깃한 은복의 살이 잘 어울린다.

고춧가루를 넣어 붉게 물든 육수에 미나리와 콩나물, 무를 넣고 한참을 끓이면 복어와 콩나물의 시원함에 무의 단맛이 어우러지고 미나리의 향이 잔잔하게 깔린다.

통통한 야채를 건져 먹고 복어의 살을 발라 간장에 찍어 먹은 후 국물에 밥을 말아 훌훌 넘기면 숙취란 놈은 어느새 꼬리를 감추고 사라진다.

자극적이지 않으면서도 보다 화끈한 해장거리를 찾는 분들이라면 말간 국물의 복냄비를 선택하는 것도 괜찮다.

동해복국

해장하고 싶은 사람, 비싸서
복어 요리 못 먹던 사람 여
기 불어라

마늘을 듬뿍 넣고 끓이는 육수는 밤새 꼬여 있던 속을 소리없이 풀어준다.

꼭 해장이 아니어도 이 집을 찾을 만한 이유는 충분히 있다. 식사 메뉴로 준비되어 있는 막회나 물회의 맛이 만만치 않아 여성 손님들의 테이블에는 십중팔구 대접이 하나씩 올려져 있는 광경을 목격하게 된다.

비늘을 벗겨 손질을 끝낸 잡어들을 듬성듬성 썰어서 깔고 그 위에 무, 배, 오이, 쑥갓을 채 썰어 수북이 올린 다음 새콤달콤한 양념장을 둘러 깨를 뿌려주는 것으로 마무리하는 막회는 왠만한 일식집의 회덮밥 보다 푸짐하고 건실해 보인다.

휘휘 둘러 양념장을 섞고 공기밥을 털어 넣으면 훌륭한 막회비빔밥이 완성된다. 아작아작 씹히는 잡어들은 살이 뭉개지면서 단맛을 만들어내고 야채들이 시원하게 뒤를 받쳐준다. 초장에 코팅이 되어 입 안 전체에 알알이 흩어지는 밥알들은 더 없이 고소하다.

이것저것 섞인 텁텁함을 싫어하는 손님들은 입 안이 얼얼해질 정도로 시원한 물회도 맛 볼 수 있다. 구성은 막회나 별 차이가 없지만 밥 대신 얼음과 물을 넣어 자박하게 쟁여먹는 물회의 산뜻함은 말로 표현할 수 없으리만큼 시원하다. 양념장을 넉넉히 두르고 국처럼 홀홀 마시는 별미야말로 식도락가들의 몫이 아닐 수 없다. 차가운 물에 한바탕 몸을 담근 생선이며 야채들이 생생하게 느껴지는 물회는 국물까지 맛 볼 수 있다는 이점이 있어 손님들이 호불호를 가리는 일이 없다.

저렴한 가격과 야박스럽지 않은 인심 덕에 계산을 하면서도 흐뭇한 웃음을 지을 수 있는, 이래저래 기분 좋은 식당이다.

MENU

복 국	5,000원	막회 (소)	16,000원	물 회	5,000원
복지리	7,000원	막회 (대)	22,000원		

INFORMATION

· 전화번호 : 02 - 783 - 2166　　· 영업시간 : AM 10:00 ~ PM 10:30
· 위　　치 : 영등포구 여의도동 정우빌딩 지하
· 주　　차 : 가능

저렴한 가격, 부담없이 가는 곳

25 옛집

국수 먹는 배는 따로 있다니까요

불과 100년 전까지만 해도 이 땅에 살던 민초들은 하루에 두 끼 식사를 유지하기도 어려운 처지였다. 소수의 상류층을 제외하고는 대부분의 형편이 어렵다보니 평상시에는 약간의 잡곡에 풀이나 야생의 열매들을 넣고 죽을 쑤어 먹는 정도의 식생활이 보편적이었다. 말 그대로 입에 풀칠을 하는 수준이었던 것이다.

이 시기에는 아침과 저녁 사이에 '참'을 먹었는데 거의가 잡곡의 가루를 반죽하여 만든 국수나 만두였다. 정식 식사로는 간주되지 못하고 간식 정도의 취급을 받았는데 그래서인지 밥을 먹고 나서도 얼마든지 더 먹을 수 있다는 의미로 '국수 먹는 배는 따로 있다'는 말이 생겨난 모양이다.

가난의 상징이면서 연명의 수단이었던 국수가 이제는 입맛이 없으면 찾게 되는 별식이 되었으니 100년만의 변화가 새삼스럽다.

삼각지 골목 안 쪽 주차장 모서리에 자리 잡고 있는 옛집은 다 쓰러질 것처럼 허름한 가게의 모양새가 가관이다. 금방이라도 쓰러질 것 같은 위태로움이 불안하지만 척 보아도 맛있는 느낌이 드는 국수집이다.

메뉴는 온통 밀가루 음식 일색이다. 대부분의 단골들이 찾는 온국수부터 콩국수, 비빔국수, 칼국수, 수제비, 떡만두국 그리고 유일하게 쌀이 들어가는 김밥까지 분식에 관한 종류를 총망라하고 있는 셈이다.

칼바람이 불기 시작하는 겨울철에는 메뉴판이 그대로지만 여름이 되면 떡만두국 위에는 노란 색종이가 가려진다. 쌀을 팔아 떡을 만들기 때문에 여름철에는 메뉴에서 제외를 시킨다.

옛집에서는 기본적으로 멸치를 우려낸 육수를 국수 국물로 사용한다. 진도산 멸치와 다시마, 파뿌리를 넣고 연탄불에 올려 밤새 끓인 후 새벽 4시에 간을 맞춘다. 단순하기 그지 없지만 이 집 국물의 비법이 바로 여기에 숨어 있다.

'온국수'를 주문하면 그 자리에

서 바로 국수를 삶기 시작한다. 시간은 조금 걸리지만 매 번 다시 삶아 준다는 점이 아주 마음에 든다. 일반적으로 가격이 저렴한 집에서는 미리 삶아 놓아 퉁퉁 불은 면을 말아주기 십상인데 옛집은 이 원칙만큼은 고집스럽게 지켜 나가고 있다.

국수 그릇에 웃기로 오르는 내용물은 소박하기 그지 없다. 유부 몇 조각과 부추, 국물을 내고 남은 다시마 채 친 것, 파 썬 것이 전부지만 맛 하나만은 어느 집과 겨루어도 밀리지 않는다.

육수가 맛깔지고 면이 좋다. 쫄깃하고 탄력있는 국수 면발은 중독성을 불러오고, 더도 덜도 없이 딱 떨어지는 멸치 육수의 맛은 개운하고 말끔하다.

'비빔국수' 는 매콤하면서도 새콤달콤하다. 빨간색 고추장 옷을 입고 뒤엉켜 있는 비빔국수는 끈적임 없이 상쾌해 여자 손님들이 많이 찾는다.

이 집에는 원칙이 한 가지 있다. 국수에 관계된 것은 어머니가 담당하고 김밥에 관한 것은 딸이 책임을 진다. 윤기 있는 쌀밥에 참기름과 소금을 넣고 간을 맞춘 뒤 서너 가지 야채를 넣고 말아주는 김밥은 차지고 고소하다. 기교를 부리지 않은 심플한 밥맛 덕에 한없이 당긴다.

가끔 아이들을 데리고 들르면 국수를 삶는 동안 김밥을 만들려고 준비한 밥을 주먹밥처럼 만들어 쥐어주기도 한다.

한가한 시간에 찾아가면 국수를 말고 김밥을 굴리며 모녀가 주고받는 대화를 귀동냥하기도 하는데, 서로에 대한 속 깊은 애정에 슬며시 입 꼬리가 올라간다.

맛있다는 칭찬에 늘 손사래를 치며 "국수 끓이는 것 말고는 아무 것도 할 줄 모른다"고 겸손한 웃음을 날리는 참 편안한 집이다.

MENU

온국수 2,000원   비빔국수 2,500원   김밥 1,500원

칼국수 3,000원   콩 국 수 5,000원

INFORMATION

· 전화번호 : 02 - 794 - 8364   · 영업시간 : AM 6:00 ~ PM 10:00
· 위   치 : 삼각지 로터리에서 우리은행 후문 쪽으로 방향을 틀고
            직진을 하다가 삼각 주차장이라는 푯말에서 우회전
· 주   차 : 가게 앞 유료 주차장

저렴한 가격, 부담없이 가는 곳

26 송가네감자탕보쌈

기사식당이 맛있다고 소문난 이유

경향신문의 문화부 데스크를 맡고 있는 유인경 부장은 항상 하루 24시간이 모자라는 양반이다. 아침에는 MBC '아주 특별한 아침' 생방송에 출연하고 신문사에 돌아와서는 일반 기자들처럼 취재하고 기사 쓰고 심지어는 라디오 진행까지 하고 있는 이 시대를 대표하는 커리어 우먼이다. 날카로운 눈빛이 매섭게 느껴지지만 털털하고 꾸밈없는 그녀만의 논리가 시청자와 청취자 그리고 독자들을 사로잡는 인기 비결이다. 기자로서 방송인으로서 살아가는 유인경의 이중 생활은 젊은 여대생들과 주부들에게 선망의 대상이 되었다. 게다가 맛을 아는 식도락가이다 보니 팀장인 그녀와 팀원들이 쓰는 맛집 기사들은 고정 팬을 확보하고 있을 정도로 기획력이 돋보인다.

신문에 게재된 기사들 중 백미는 '기사식당 BEST' 였던 것으로 기억된다. 자주 드나들던 집이라 반가운 마음에 기사를 읽었는데 내용도 탄탄했다.

기사 식당은 맛은 기본이고 가격으로 승부를 해야하니 부담이 클 수밖에 없다. 또한 서빙이 신속하고 넓은 주차장도 구비되어 있어야 한다. 식사를 마치고 커피 한 잔 할 편안함도 갖추어야 하고…. 조건이 무척이나 까다롭다. 하루에 한 두 끼는 꼭 밖에서 해결해야 하는 기사들의 입맛을 잡으려면 어쩔 수 없는 일이다. 그래도 신선한 재료를 쓰고 성심껏 대접하다 보면 특별한 홍보 없이도 인정을 받게 되는 것이 기사식당의 생리다.

연남동에 위치한 송가네감자탕보쌈은 대표적인 기사식당이다. 가게 앞은 늘 택시들이 줄지어 서있다.

메뉴는 간단하다. 뚝배기 감자탕, 감자탕 정식 그리고 보쌈 정식이 전부다.

감자탕 정식은 오목하게 패인 검정 냄비에 돼지 뼈와 국물을 담고 테이블 위에서 끓여주는데 일반 감자탕과 비교하면 국물이 훨씬 가볍고 개운하다.

끓기 시작하면 뼈다귀를 하나 꺼내 살을 발라먹는

저렴한 가격, 부담없이 가는 곳

송가네감자탕보쌈

깔끔하고 개운한 국물맛과
쪽쪽 찢어지는 보드라운 살
코기를 먹고 있노라면 어느
새 손에 묻은 양념까지 핥아
먹게 되는데…

데 뼈에 붙은 살집이 튼실하다. 양손으로 잡고 입에 갖다대면 구수한 향이 코를 간지른다. 들깨가 듬뿍 들어가 돼지고기의 역한 냄새를 잡아주는데 쪽쪽 찢어지는 보드라운 살코기를 먹고 있노라면 어느새 손에 묻은 양념까지 핥아먹게 된다.

냄비에 밥을 털어 넣고 휘휘 저어 볶듯이 비비는데 국물에 퍼진 밥알들이 일품이다. 누룽지를 만들어 먹을 요량으로 불을 키우고 바닥에 밥을 펴면 이내 물기가 사라지고 모락모락 연기가 피어오르기 시작한다. 노릇하게 타 들어간 밥 긁어먹는 재미에 한 번 빠지면 내내 감자탕 정식만 시키게 된다.

이것저것 귀찮을 때는 뚝배기 감자탕을 시키면 된다. 뼈를 산더미처럼 집어넣고 푹 끓이고 또 끓여서 건져주는 감자탕은 테이블 위에서 끓여주는 감자탕과 맛은 비슷하지만 훨씬 걸쭉하다.

속이 든든해진다고 매일 같이 탕만 먹을 수는 없는 법! 이럴 때는 보쌈 정식을 추천하고 싶다. 보통 상추를 담아주는 길쭉한 접시에 시뻘건 보쌈김치와 돼지고기 제육을 반반씩 올려주는데 양이 푸짐하다. 특색 있는 점은 김치 위에 생굴을 곁들여 내놓는다는 것이다.

큼직한 보쌈김치를 깔고 돼지고기 한 점을 올린 뒤 생굴을 곁들

여 돌돌 말면 불룩해진다. 입을 쩍 벌리고 구겨 넣으면 볼이 터질
정도다. 씹을 때마다 입 안에서 김칫국물이 흐르고 돼지기름이 섞
인다. 혀를 돌려 생굴을 찾고 살짝 터트리면 굴 특유의 바닷내가 입
천정을 타고 코로 스며든다.

보쌈은 싸서 먹어도 좋지만 따로따로 먹어야 제 맛이다. 밥 한 숟
가락 입에 넣고 새우젓 찍은 제육 한 점 곁들이면 짠맛 덕분에 밥알
이 두 배는 달게 느껴진다.

맨밥과는 생굴도 잘 어울린다. 김치양념을 묻힌 생굴을 올리고
밥을 밀어 넣으면 야들야들 혀를 놀래킨다. 밥 한 공기가 모자랄 정
도로 양이 많아 기사들의 인기를 독차지하는 별식이 바로 보쌈 정
식이다.

MENU

감자탕 (소) 15,000원	보쌈 (소) 10,000원	감자탕 정식 6,000원
감자탕 (중) 18,000원	보쌈 (중) 15,000원	보 쌈 정 식 5,000원
감자탕 (대) 22,000원	보쌈 (대) 20,000원	뚝배기 감자탕 5,000원
감자탕 (특) 25,000원	생 굴 10,000원	

INFORMATION

· 전화번호 : 02 - 3141 - 6557   · 영업시간 : 24시간
· 위   치 : 마포구 연남동 기사식당 골목
· 주   차 : 가능

저렴한 가격, 부담없이 가는 곳

27 양화정

소갈비가 아니라구요 ?

'여름철 돼지고기는 잘 먹어야 본전' 이란 말이 있다.

단백질과 지방이 풍부한 돼지고기는 특히 여름철이면 미생물들의 번식이 빨라 쉬 상한다. 그래서 '다른 육류에 비해 비타민B1의 함량이 월등히 많다' 는 사실에도 불구하고 뒷전으로 밀려나 있었는데 냉동·냉장시설이 발달하지 않았던 시절이 낳은 오해였다.

돼지고기는 소고기만큼 세부적으로 분류하지는 않지만 등심, 삼겹살, 어깻살, 방앗살 그리고 뒷다리 등으로 구분한다. 등심과 방앗살을 최고로 치고 뒷다리, 어깻살, 삼겹살 순으로 등급을 매긴다.

돼지고기는 조리법도 다양하다. 머리에서 발끝까지가 모두 요리의 재료다. 머리는 눌러서 편육으로, 목살은 도톰하게 잘라 소금구이, 다리는 삶아서 족발, 등심은 튀김옷을 입혀 돈까스, 곱창은 볶음, 창자는 순대…. 심지어 어미돼지 뱃속에 든 새끼까지 찜을 해

먹기도 한다.

지방색이 강한 향토요리까지 꼽자면 열 손가락이 모자랄 정도인데 그 중에서도 가장 인기있는 메뉴를 꼽으라면 뭐니뭐니해도 달착하게 양념한 돼지갈비가 아닐까?

50년 전 마포 나루터를 오가던 인부들이 저렴한 가격에 안주 삼아 즐기던 돼지갈비가 이제는 돼지고기 요리의 대명사가 되었다.

온 가족을 앞세운 외식 자리에도, 우르르 몰려가 소주 한 잔 거하게 돌리는 회식 자리에도, 소박하고 편하게 어우러지는 돼지갈비야말로 보통사람들의 가장 친근한 외식메뉴일 것이다.

돼지갈비 집처럼 흔하디 흔한 식당도 없지만 많은 만큼 맛있는 집을 발견하기도 어렵다. 그렇지만 밀려드는 손님에 자리가 모자라 최근 증축까지 한 '양화정' 이라면 안심해도 좋다.

양화정의 돼지갈비는 뼈가 없다. 돼지고기 부위 중 가장 비싸다는 목 등심을 쓰기 때문이다.

사실 돼지갈비에 갈비 없음을 양심불량이라 하여 치 떨리게 싫어하는 사람들도 많지만 이 집에서만큼

저렴한 가격, 부담없이 가는 곳

은 슬쩍 웃으며 넘어가 줄 수 있다. 그만큼 맛이 좋고 써비스 또한 질리도록 푸짐하기 때문이다.

주인 내외는 사나흘이 멀다하고 질 좋은 고기를 찾아 전국 방방곡곡을 누빈다. 여장부 같은 안주인과 섬세한 바깥주인의 까탈스러운 기준을 통과해야만 불판에 오를 수 있는 자격이 부여된다.

양화정

칠면조 소시지처럼 부드러운 육질, 과일즙과 생강, 마늘, 간장을 달여 맛을 낸 소스, 사각사각 시원한 동치미에 듬뿍듬뿍 담아주는 샐러드, 무채에 여러 가지 밑반찬, 친절한 써비스... 무엇 하나 부족한 것이 없다.

양화정의 무기는 육질만이 아니다. 고기를 손질하는 칼놀림이 범상치 않다. 생각 없는 칼집이 아니라 간이 깊게 배도록 안배를 한 어슷한 칼자국이 촘촘하게 나 있다.

비계가 살짝 섞인 돼지고기는 모양새만으로는 소갈비처럼 보인다. 과일즙과 생강, 마늘, 간장을 달여 맛을 낸 소스가 함께 나오는데 잘 익어 노릇노릇해진 갈비를 한 점 찍어 입에 넣으면 그 맛이 입에 착착 감긴다. 칠면조 소시지처럼 육질이 부드럽고 돼지갈비 특유의 달달한 풍미가 넘치는 포만감을 제공한다.

손님들이 고래고래 소리 지르지 않아도 알아서 척척 불판을 갈아주는 써비스도 만족스럽다. 그보다 더 기분 좋은 것은 곁들여 주는 반찬이다. 돼지 갈비의 양념 맛을 보완해 줄 여러 가지 반찬들이 푸짐하게 나오는 것은 언제나 기분 좋은 일이다.

　언제 들러도 사각사각 시원한 동치미에 듬뿍듬뿍 담아주는 샐러드, 파 채와 무채에 여러 가지 밑반찬까지….

　식사로는 된장찌개나 냉면도 괜찮지만 뜨거운 갈비탕 국물에 말아 주는 온면을 추천한다. 구수한 국물과 쫄깃한 면발이 고기 먹은 뒤의 느끼함을 담백하게 감싸주기 때문이다.

MENU

돼지갈비 (250g) 8,000원　　　온면 5,000원

INFORMATION

· 전화번호 : 02 - 323 - 5777　　· 영업시간 : AM 11:00 ~ PM 10:30
· 위　　치 : 합정동 로터리 홀트아동복지회관 뒷 골목
· 주　　차 : 가능

저렴한 가격, 부담없이 가는 곳

28 차돌집

이렇게 팔아도 밑지지 않나요?

지금이야 입맛들이 까다로워지고 특수부위를 찾는 식도락가들이 많이 늘어나 고깃집들에서도 메뉴를 세분화, 전문화시키고 있지만, 80년대 후반이나 90년대 초반만 해도 등심 아니면 안심 그리고 양념 갈비가 고작이었다.

대학을 갓 졸업한 입사 초년병 시절 부서 회식 때 처음 맛 본 차돌박이는 충격 그 자체였다. 종잇장처럼 얇게 써는 탓에 고기가 동그랗게 말려지는 것을 '원래 차돌박이란 부위는 그런 모양인가보다' 하고 모르면서도 묻지 못 했던 어수룩한 사진 한 장이 떠올라 지금도 고깃집에 가면 남 몰래 피식 웃곤 한다.

차돌박이는 소의 아랫배에 해당하는 양지의 상단 부위인데 지방이 상대적으로 많아 가능한 한 얇게 썰어서 구워 먹는다. 달궈진 불판에 올리면 보글보글 끓듯이 볼록이다가 잘라진 크기의 3분의 2정도로 사이즈가 줄어드는데, 가격이 꽤 비싸 대부분은 1인분 정도씩 맛만 보고 다음 타자를 등장시키게 되는 고급스러운 '남의 살'이다. 이런 차돌박이를 가격 걱정 없이 즐길 수 있는 곳이 김포공항 가까이에 위치하고 있는 '차돌집'이다.

오래된 한옥을 식당으로 개조해서 사용하고 있는데 테이블 위에 기다랗게 달려있는 접이식 환기구만 빼놓고는 모든 것이 80년대를 배경으로 한 드라마 속 세트에 들어와 있는 듯 하다.

차돌박이, 제비추리, 갈비살, 등심이 전부 8,000원 균일가이므로 부담 없이 고기맛을 즐길 수 있다.

반찬도 콩나물국, 무채, 파무침, 상추, 동치미, 된장, 고추장 등이 불판이 들어갈 자리만을 남겨두고 테이블을 점령하는데 양이 상당히 푸짐하다.

8,000원이라는 가격으로 참숯까지 사용하는 모습에 감탄하며 콩나물국을 한 모금 마시는데 해장국처럼 시원하다.

듬성듬성 썰어서 나오는 차돌박이의 모양새가 어쩐지 어색하다. 둥그렇게 말아져 있

저렴한 가격, 부담없이 가는 곳

지 않고 납작하게 대접에 깔려 있다. 다시 말해 야박하게 얇지 않다는 소리다. 고기는 특성상 냉동을 시키면 조직이 단단해지기 때문에 얇게 썰수록 말리기 쉬운데 차돌집은 비교적 두툼하게 손질한다.

석쇠에 고기를 서너 점 올리고 잠시 기다리면 냉동이 풀리면서 물기가 흐르고 고기에 배어 있는 기름이 반짝이며 발광(發光)을 한다. 핏기만 가시면 한 번 뒤집어 마저 익히고 기름소금에 살짝 찍어 오물오물 씹는다. 하얀 지방 부위는 혀 위에서 롤러코스터처럼 경쾌하게 미끄러지고 살은 졸깃하게 씹힌다.

느끼한 맛을 싫어하는 분들에게는 고추장을 권하고 싶다. 매콤함이 기름기를 가셔주는 역할을 하는데 이 방법을 택하면 고기가 한도 없이 들어간다.

숯에서 올라오는 향이 그윽하게 배어 있지만, 밑 부분이 막힌 구이용 판이 아니기에 석쇠 위에서 조금만 지체를 하면 금새 촉촉함이 사라져 질겨지기 쉽다. 그래서 차돌박이를 숯불에 구울 때에는 한두 점 먹을 만큼씩만 올리고 굽는 것이 기본이다.

제비추리는 섬뜩할 정도로 핏빛이 강렬한 탓에 신선함을 의심할

여지가 없는 이 집에서 두 번째로 인기있는 부위이다. 제비추리는 갈비 안쪽에 길게 붙어 있는 살을 말하는데 지방질이 가느다랗고 길게 퍼져 있어 상당히 부드럽다. 칼집이 살짝 들어간 고기를 입에 넣으면 말 그대로 살살 녹는다.

식사 메뉴로는 된장찌개가 준비되어 있는데 공기 밥을 주문하면 공짜로 써비스된다. 다 찌그러진 양은 냄비에 두부만을 숭덩숭덩 썰어 넣고 끓여주는 된장찌개에 구운 차돌박이를 몇 점 집어넣으면 국물이 기름기를 빨아들여 훨씬 톱톱해진다.

배추김치를 석쇠에 올려 구워먹는 것도 별미다. 일반적으로 삼겹살을 먹을 때 솥뚜껑 위에서 '지져 먹는 맛' 과는 차원이 다르다. 공기 밥에 된장찌개를 몇 숟가락 둘러 쓱쓱 비비고 물기가 쏙 빠진 구운 김치를 올려 먹으면 한없이 행복해진다.

MENU

차돌박이 8,000원   등 심 8,000원   아롱사태 8,000원
갈 비 살 8,000원

INFORMATION

· 전화번호 : 02 - 2664 - 5534   · 영업시간 : AM 11:00 ~ PM 11:00
· 위   치 : 방화1동 공항시장 입구 주재근베이커리 골목 안
· 주   차 : 국제예식장 주차장 이용

저렴한 가격, 부담없이 가는 곳

29 고성막국수

런닝 셔츠와 막국수의 상관관계

실향민의 자식이라서 입맛 또한 유전된 것일까? 국수 소리만 들으면 자다가도 벌떡 일어나게 되는데 일곱 살, 네 살배기 꼬맹이 아들 녀석들도 아빠를 쏙 빼다 박아 국수라면 로봇과도 바꿀 만큼 좋아한다.

온 가족이 이러하다보니 장안에 유명하다는 국수집들은 거의 빼놓지 않고 찾아다녔는데 계절에 따라 날씨에 따라 그리고 몸의 컨디션에 따라 선택은 다양해진다.

국수 중에서도 특히 차가운 국물에 말아먹는 냉면이나 막국수라면 시간과 장소를 가리지 않고 입에서 당그레질 한다.

재작년 말복 즈음이었던가? 얼음이 동동 뜬 동치미 국물에 말아주는 정통 강원도식 막국수집이 서울 시내에도 있다는 소문을 듣고 한걸음에 달려간 곳이 바로 고성막국수였다.

외진 곳에 자리 잡고 있지만 식사 때면 어디서들 몰려오는지 손님들로 발 디딜 틈이 없다.

물 막국수, 비빔 막국수, 편육이 상차림의 전부이지만 하나같이 손맛이 일품이다.

자리를 잡고 앉아 주문을 하고 나서 손부채질을 하며 땀을 식히고 있으면 먼저 스테인레스 대접에 살얼음이 뜬 동치미 국물을 내준다. 시원스레 목을 축이면서 눈길을 돌리다 주방에서 시선이 멈춘다.

일순간 분주해진 주방에서는 하얀색 런닝셔츠를 입은 주인아저씨가 능숙한 솜씨로 국수 반죽을 기계에 밀어 넣고 면을 뽑은 후 쉴 새없이 저어가며 면을 삶고 있다. 건진 면을 찬물에 담가 박박 씻어 막국수 대접에 동그랗게 말아 놓고 손님상에 올리는데, 주인아저씨의 움직임을 보고 있으면 면발의 탄력이 그대로 전해지는 것 같아 눈이 먼저 맛을 느낀다.

이 집 막국수는 모양새가 별나다. 정확히 묘사하자면 면발이 도톰하지 않고 소면처럼 가늘다. 일반적인 막

고성막국수

까슬까슬한 메밀 특유의 질
감이 고스란히 살아 있고 씹
으면 씹을수록 고소해지는
국수와 백김치, 열무김치,
대구식해의 조화가 빚어내는
환상적인 맛

국수의 면발은 단면이 사각형인데 비해 고성막국수의 것은 원형에 가까울 정도로 얇고 세밀하다.

동치미 국물과 별도로 내오는 막국수는 면발 위에 양념구이 김 가루를 뿌리고 오이와 계란을 고명으로 얹어 준다.

돌돌 말아 잡은 막국수가 미끄러지듯 입 속으로 빨려 들어간다. 까슬까슬한 메밀 특유의 질감이 고스란히 살아 있고 잇몸으로도 끊길 만큼 톡톡거리는 씹힘이 만족스럽다. 가느다란 면발이 흩어지며 묘한 촉감을 빚어내는데 한 올 한 올이 섬세하게 혀를 감싸고 돈다.

씹다보면 동치미의 시큼함이 빠지고 천천히 메밀의 맛과 향이 꿈틀거린다. 씹으면 씹을수록 고소해지는 국수가 묘한 감흥을 준다.

막국수와 같이 오르는 반찬은 세 가지. 백김치와 열무김치 그리고 대구식해다. 아삭거리는 배추와 줄기가 긴 열무 그리고 빨간 고추 양념의 대구식해는 모두 막국수에 얹거나 싸 먹으라고 내놓는 것들이다.

백김치를 막국수에 둘러 먹으면 상큼함이 느껴지고, 열무줄기를 말아먹으면 사각거림이 살아난다. 이 집 최고의 장기인 대구식해를 얹으면 오묘한 맛이 더해진다.

대구 살을 발라 새콤달콤하게 무쳐 내주는데 겉모양은 경상도식 명태식해와 닮아 있지만 살이 두툼해 맛이 깊다. 번갈아 가며 골라 먹다 보면 적지 않은 양인데도 국수가 모자라 사리를 추가하게 된다.

구수하고 진한 맛을 보고 싶다면 편육을 시켜 막국수와 함께 즐기면 된다. 야채를 곁들인 것과는 비교할 수 없을 만큼 구수하고 묵직한 맛을 즐길 수 있다. 편육에 붙어있는 비계는 날카롭게 일어서는 새콤달콤함을 조절해 주는 역할을 하기에 충분하다.

욕심을 부려 남은 국물까지 싹 비우고 나면 흐르던 땀은 흔적도 없이 사라진다.

MENU

물 막국수	5,000원	편육 (소)	10,000원
비빔 막국수	5,000원	편육 (대)	12,000원

INFORMATION

· 전화번호 : 02 - 2665 - 1205　　· 영업시간 : AM 11:30 ~ PM 8:00
· 위　　치 : 강서구 방화동 삼익APT 단지 411동 바로 뒤
· 주　　차 : 공용주차장 이용 (주차비 별도)

저렴한 가격, 부담없이 가는 곳

30 겐조라멘

라멘이 라면이라는 편견은 버려!

에도시대 (1603년 일본 동경에 막부가 설치된 후 260년의 기간) 중국을 다녀온 사신에 의해 전래된 '라멘'은 일본을 대표하는 국민 음식이다. '기무치' 논쟁 때처럼 『국제식품 규격 위원회』에 '라멘' 이라는 명칭과 규격을 공식적으로 요구할 만큼 라멘에 대한 일본인 들의 자부심은 대단하다.

"일본 국민은 라멘 없이 살아갈 수 없다"라고 단언하던 일본인 맛 칼럼니스트의 주장이 각별해 보이는 데는 다 이유가 있다. 각 지역 을 대표하는 특색있는 라멘들이 비밀스런 조리 비법을 간직한 채 전국에 포진해 있기 때문이다.

된장으로 맛을 낸 홋카이도의 '삿뽀로 라멘', 간장 향이 짙게 퍼 지는 동경의 '쇼유 라멘', 공짜로 퍼 주는 김치 덕분에 유명해진 오 사카의 '킨류 라멘' 그리고 후쿠오카의 '돈코쯔 라멘' 등이 그 주인공들이다. 이 외에 셀 수 없을 정도로 많은 수의 지역 라멘들이 든든히 뒤를 받치고 있다. 고유한 특산물을 이용해서 만든 독특한 맛은 일본인들은 물론이고 세계인들의 입맛을 사로잡고 있다.

　돼지뼈 국물과 노란 생(生)면으로 상징되는 일본의 라멘은 목살과 갈비 부분의 삼겹살을 간장에 달여 만든 '짜슈' 와 죽순 조림 '멤마' 가 공통적인 고명으로 올라온다. 밀가루 반죽에 간수를 사용하여 노란색을 띠는 면은 보기에도 먹음직스럽고 쫄깃한 질감은 더 만족스럽다.

　겨울 저녁 우리의 메밀묵 장사들이 '메밀묵 사려~' 를 목청 높여 외치고 다닐 때, 일본의 포장마차 라멘 장사들은 '차르멜라' 라는 요란스런 나팔을 불며 이 골목 저 골목을 누볐다.

　찬 공기가 무겁게 내려앉은 겨울 저녁, 가난한 유학생 신분으로 신주꾸 뒷골목에 쭈그리고 앉아 커다란 그릇을 두 손으로 잡고 후후 불어가며 마시던 그 시절 라멘의 국물 맛이 지금도 그립다.

　손님을 끌어들이는 관건은 라멘 국물이다. 여러 라멘 집 중에서도 한국

인 입맛에 잘 맞는 육수를 기반으로 꾸준히 인기를 얻고 있는 라멘 전문점이 바로 '겐조라멘' 이다.

돼지의 뼈와 고기만으로 육수를 만드는 여느 집과는 달리 소고기와 닭고기를 혼합해서 우려낸 국물 맛이 독특하다. 라멘을 먹는 내내 은근히 퍼지는 닭 육수가 느끼하지 않고 산뜻하다.

겐조라멘

달군 철판에 야채를 듬뿍 넣고 볶은 '철판 야끼소바', 야채 볶음을 얹은 '삿뽀로 미소라멘', 닭고기가 들어간 '지스멘'의 독특한 맛을 열대어를 코 앞에서 바라보며 느껴보자.

육수에 소금으로 간을 맞춘 '시오라멘' 에는 김, 돼지고기, 죽순이 고명으로 오르는데 각 재료는 특이한 뒷맛을 남긴다.

죽순을 면과 함께 입에 넣으면 아삭거리는 특유의 질감이 전달된다. 서너 점 얹혀 나오는 '짜슈' 도 고소하다. 담백한 국물과 부드럽게 씹히는 고기맛이 잘 어울린다. 노란 생면과 같이 즐기는 김 또한 별미다. 김은 두 조각 밖에 나오지 않지만 기름기 있는 라멘의 뒷맛을 담백하게 정리해 준다.

간장으로 뒷간을 맞춘 '쇼유라멘' 은 에스프레소처럼 짙은 색을 띤다. 기본적인 고명은 동일하지만 삶은 달걀을 썰어 올린 것이 보기에도 먹음직스럽다. 달걀은 느끼해지기 쉬운 국물 맛을 부드럽게 해주는 역할도 한다. 지나치게 짜지 않고 달달한 육수가 시원함을 제공한다. 아삭한 숙주를 즐기는 분들은 추가 주문도 가능하다.

‘겐조라멘’에서는 요리 라멘도 맛 볼 수 있다. 달군 철판에 야채를 듬뿍 넣고 볶은 ‘철판 야끼소바’ 나 야채 볶음을 얹은 ‘삿뽀로 미소라멘’, 닭고기가 들어간 ‘지스멘’ 이 이에 해당한다.

가장 독특한 맛을 자랑하는 것은 지스멘이다. 녹말가루를 넣었는지 국물이 상당히 걸쭉한데 닭고기와 버섯, 청경채가 국물 사이로 고개를 내밀고 있다. 계란을 풀어 휘휘 두른 탓에 국물은 탁하지만 맛은 오히려 보드랍다. 기본 육수가 쇼유라멘과 같다보니 걸쭉함을 만회하는 개운함이 은근히 깔린다.

양이 많은 분들은 주문시 ‘오오모리(곱배기)’ 라고 하면 되고, 두세 조각 나오는 단무지가 왠지 심심하다면 김치를 청해 먹어도 좋다.

MENU

쇼 유 라 멘 4,500원   시오라멘 4,500원   지 스 멘 7,000원

왕중완라멘 7,500원   미소라멘 5,000원

INFORMATION

· 전화번호 : 02 - 393 - 3579   · 영업시간 : AM 11:00 ~ PM 11:30

· 위   치 : 신촌로터리에서 연세대학교 방향으로 직진하다가
              신촌기차역 방향으로 우회전 50m 직진 좌측

· 주   차 : 가게 뒷문 또는 별도 주차

저렴한 가격, 부담없이 가는 곳

31 은성오징어보쌈

대학로를 지키는 오징어 파수꾼

유행에 따라 부침이 심하기로는 압구정, 청담동에 버금가는 동네가 바로 대학로다. 첨단은 아니어도 예술하는 사람들이 많다보니 자기만의 취향이나 스타일이 고집스럽다. 이런 부류의 사람들은 대부분 먹거리 선택에 있어서도 까탈스럽다. 어설픈 새로움보다는 탄탄한 기본기에 좀 더 후한 점수를 매긴다.

뒷골목까지 가득 메운 엄청난 숫자의 식당들 중 오징어를 전문으로 하는 식당은 단 한 곳 밖에 없다. 십여 년이 지나도록 연극 팬들과 콘서트 매니아들에게 지속적인 인기를 유지하는 비결은 저렴한 가격과 넉넉한 인심이다.

"대한민국 연극배우 중에서 '은성'을 모르면 간첩이다"라는 말이 있을 정도로 단골손님들 중에는 연극인들이 많다.

대표적인 메뉴로는 오징어 보쌈, 섞어찌개, 오징어 만두를 꼽을 수 있다. 코스는 아니지만 세 가지 음식을 모두 먹어도 계산은 15,000원을 넘지 않는다.

지금이야 라이브 극장 앞에 자리를 잡고 있지만 처음 문을 연 91년도에는 동숭아트센터 조금 못 미친 길가 2층에 소담스럽게 위치하고 있었다. 그 당시의 가격이 3,000원이었으니, 물가 상승률을 고려해 볼 때, 써비스에 가까운 가격으로 대학로를 지키고 있는 셈이다.

무교동 낙지볶음에 비교될 만큼 매운맛이 특징인 오징어 보쌈은 통째로 양념한 오징어와 무 무침, 데친 콩나물, 상추로 구성되어 있다.

먹는 방식은 상추에 위의 재료들을 넣고 싸 먹는 것이 일반적이다. 혀가 아릴 정도로 매운 양념의 오징어는 아삭거리는 콩나물과 궁합이 좋다. 몇 점 집어먹다보면 속에서 열이 난다.

흘러내리는 땀은 둘째 치더라도 불이 난 혀에 연신 손 부채질을 하게 된다. 매운맛에 대한 내성은 확실히 여자들이 강한가보다.

"물 좀 주소~" 라고 외치는 사람들의 대부분은 남자들이다.

시원한 동치미가 있긴 하지만 아무래도 불 난 혀를 진정시키는 데는

저렴한 가격, 부담없이 가는 곳

오징어 섞어찌개가 안성맞춤이다. 오징어, 조개, 배추, 콩나물로 끓여 내오는 찌개는 시원하고 개운해서 보쌈과 좋은 파트너가 된다.

여기에 오징어 만두까지 곁들인다면 더할 나위가 없다. 속이 들여다보일 만큼 얇은 만두 피 속에는 오징어와 부추가 들어 있다. 물만두처럼 맹맹하게 삶아 내오는데 이 북식 만두처럼 진한 맛은 없지만 만두피가 터지면서 느껴지는 오징어 특유의 맛은 색다른 경험임에 틀림없다.

MENU

오징어보쌈 6,000원   오징어찌개 5,000원

INFORMATION

· 전화번호 : 02 - 744 - 5034   · 영업시간 : AM 11:30 ~ PM 10:00
· 위   치 : 대학로 라이브 1관 앞
· 주   차 : 가능

32 부흥동태탕

생태인줄 알았지~롱?

　자주 가는 생선 가게의 총각은 손놀림만큼이나 입심이 좋다. 생선을 내리치면서 자신이 알고 있는 생선에 관한 이야기를 끊임없이 털어놓는다. 어린 시절, 시장에서 보던 아주머니들의 칼질과는 차이가 나는데 이 친구의 칼질이 훨씬 더 섬세하게 느껴진다.

　사무라이처럼 보이는 이 총각에게 가장 손질하기 어려운 생선이 무엇이냐고 물었더니 잠시 머뭇거리다 동태라고 답을 한다. 이상한 일이다. 투박한 생선 칼로 생각 없이 서너 번 내리쳐 토막을 내는 것이 손질의 전부라고 생각했던 필자에게 그 대답은 의외였다.

　동태는 해동의 정도에 따라 칼질의 깊이가 매번 달라지니 까다로울 수밖에 없단다. 게다가 살도 살이지만 내장을 찾는 손님들이 많아 긁어버리면 그만인 다른 생선들과는 달리 내장까지 건사하며 불순물만 제거하는 일도 쉽지 않다고 한다.

입심이며 칼 놀림, 다 마음에 드는데 마지막에 비닐 봉투에 담아 주는 모습이 영 거북살스럽다. 예전처럼 쌓아 놓은 신문지 위에 동태 토막을 올리고 둘둘 말아 양 귀퉁이를 여며주면 좋으련만….

바람이 차지거나 비라도 내리는 날이면 동태탕이 그리워지는데 그럴 때면 뒤도 돌아보지 않고 달려가는 곳이 있는데 바로 부흥동태탕이다.

KBS 별관 뒤에는 여의도에서도 유난히 맛있는 집들이 많이 몰려 있다. 테이블이 13개면 여의도에서는 작디작은 식당으로 취급받지만 동태만을 전문으로 하는 까닭에 11시 30분이면 약속이나 한 듯이 손님들이 몰려든다.

이유는 간단하다. 동태가 신선하고 양이 푸짐하기 때문이다.

동태가 신선하다면 고개를 갸웃거리는 분들이 있을지도 모르겠지만 이 집의 동태는 생태에 버금갈 정도로 신선하다.

비법은 손질에 있다. 전문 도매점으로부터 최상의 동태를 공급받아 자연 해동을 하는데 여기서부터의 타이밍이 중요하다. '깡깡' 얼어붙은 동태가 녹기 시작해서 칼을 살짝 대었을 때 한 마리씩 떨어지면 찬물을 붓고 씻는다. 빨래를 하듯 힘을 주어 벅벅 씻어야만 동결과정에서 들러붙은 불순물도 제거하고, 동태의 살도 부드럽게 만들 수 있다고 한다.

　일반적으로 살만 들어 있는 동태탕보다는 '동태 알, 내장전골'이 더 맛있다. 가격은 1,500원이 비싸지만, 곤이며 애가 그득히 들어 있어 훨씬 푸짐하고 든든하다.

　오전 11시부터 주방에서 펄펄 끓이다가 주문이 들어오면 냄비에 덜어 테이블에서 한 번 더 끓여준다.

　무와 콩나물로 우려낸 시원한 육수에 주인의 고향 땅 진안에서 보내온 100% 태양초 고춧가루를 넣어 얼큰한 국물을 만든다.

　국물이 유난히 시뻘겋게 느껴지는 것은 바로 오리지날 태양초 고춧가루 때문이다. 1년에 사용할 고춧가루 1,500여 근을 한 번에 사들여 필요한 만큼씩만 가게로 가져다 쓴다.

　사소한 양념 재료 한 가지에도 이토록 신경을 쓰는데 주재료에 기울이는 정성이야 어련할까 싶은데, 아니나 다를까 이 집에는 커다란 냉동고가 없다. 그 날 그 날 소화할 분량만 준비해 두고 손님

저렴한 가격, 부담없이 가는 곳

을 맞다보니 동태의 질이 만만치 않다. 그렇지 않아도 깐깐한 성격의 여주인이 조금만 상태가 엉성해도 단박에 퇴짜를 놓는 까닭에 맛의 변화가 거의 없다.

모락모락 김을 토해내는 냄비의 뚜껑을 열고 후후 불면 동태 살과 내장들이 고개를 내민다. 가격이 비싸 일반식당에서는 엄두를 못내는 꼬불꼬불한 곤이가 한 주먹은 들어 있다. 뽀얀 우유 빛을 머금은 곤이는 고소함은 차치하고라도 쫄깃거리는 씹힘이 일품이다. 배배 꼬여 있는 모습과는 달리 맛은 명쾌하고 직선적이다.

생선 내장의 백미로 꼽히는 동태 애는 특유의 기름기로 혀를 감싼다. 탱탱한 애를 입에 넣고 굴리다가 혀와 입천장으로 지긋이 누르면 터지듯 녹아내린다. 크리미한 촉감이 입 안 전체로 퍼지면서 고소함을 털어 놓는다.

동태의 해체 작업을 주인이 도맡아 하고 있는 덕분에 살진 생선의 내장을 배불리 먹을 수 있다.

얼큰한 국물 몇 숟가락으로 입 안을 시원하게 정리하고 살을 발라먹으면 비릿한 단내가 퍼진다. '동태는 살이 퍽퍽하다'는 선입견을 단박에 깨어 버리는 주인의 손맛이 손님들을 사로잡는다.

탄력있게 오그라든 동태의 살을 젓가락으로 집으면 결대로 흐트러진다. 입으로 옮겨 넣자마자 녹아버리는 살은 생태의 육질과 많이 닮아 있다. 연신 흘러내리는 땀을 훔치며 동태국물을 탐닉하다 보면 늘 밥이 모자라 자제심을 잃고 추가하게 된다.

남은 국물에 밥공기를 털어 넣고 듬성듬성 말아 입으로 넘기면
얼큰함은 어느새 고소함으로 변해 있다. 반쯤 풀어헤친 넥타이며
허리띠의 샐러리맨들은 작은 행복을 안고 사무실로 발길을 옮긴다.

MENU

동태탕 5,500원   동태알내장전골 7,000원

INFORMATION

· 전화번호 ： 02 - 782 - 7707   · 영업시간 ： AM 9:30 ~ PM 9:00
· 영업시간 ： 여의도 KBS별관 뒤, 오륜빌딩 3층
· 주　　차 ： 빌딩 앞 유료 주차장

저렴한 가격, 부담없이 가는 곳

33 진미락도시락

추억을 먹는 노란 도시락 !

여름철에는 크게 문제가 되지 않지만 동장군이 기승을 부리는 겨울철에는 도시락의 밥이 돌멩이처럼 굳어버려 난감할 때가 한두 번이 아니었다. 그래서 나온 것이 '난로 쟁탈전' 이다.

뜨거운 난로의 열기 때문에 도시락 바닥이 새까맣게 타버리는 제일 밑 부분은 '꼬봉' 이나 '시다바리' 들. 따듯함을 유지하면서도 도시락이 누르는 법이 없는 그 바로 윗줄이 바로 '짱' 의 자리였다.

한두 시간 제대로 열기를 전해 받은 도시락은 뚜껑을 열자마자 하얀 김이 모락모락 피어올라 갓 지은 밥을 연상케 한다.

아직도 70, 80년대 학창시절의 아련한 기억이 떠올라 슬며시 웃음을 짓곤 하는데, 밑에서 두 번째 '로열층' 에 자리 잡았던 그 도시락의 맛을 고스란히 살려내는 집이 바로 '진미락도시락' 이다.

학생시위가 한창이던 85년도에 연대 앞 한복판에 문을 열고도 매출이 줄지 않는 위력을 보여준, 작지만 실력있는 도시락집이다.

다닥다닥 테이블이 붙어 있어 들고 날 때 무척이나 주의가 필요하지만 식사시간이면 여지없이 손님들로 가득 찬다. 자리가 없을 때는 포장을 해 가는 매니아들로 가게 앞이 장사진을 이룬다.

이 집은 노란색 플라스틱 용기에 밥과 반찬을 담아 주는데 사각형 모양 때문인지 학창 시절로 돌아간 느낌이 든다.

도시락의 종류는 모두 6가지이다. 함박스텍, 돈까스, 제육볶음, 유부초밥, 김초밥, 그리고 도시락.

뭐니뭐니해도 도시락집의 생명은 밥이다. 기름기가 좔좔 흐르고 촉촉한 밥은 소박한 반찬의 구성을 도드라지게 한다. 혀 위를 구르면서 쫀득하게 씹히는 하얀 맨밥은 반찬 없이 씹어도 단물이 줄줄 흐른다.

계란 함량이 많아 유난히 고소한 계란말이를 한 조각 베어 물고
아작거리는 무장아찌를 함께 먹는다. 짭짤하고 담백한 반찬의 맛에 밥이 절로 끌린다. 또 한 술 밥을 떠 밀어 넣고 젓가락을 동그랑땡 쪽으

거렴한 가격, 부담없이 가는 곳

진미락도시락

학창 시절 먹던 도시락 맛을 그리워하는 직장인들은 아내나 남편의 손을 잡고 아이들과 함께 다시 찾아 그 당시의 기억을 더듬곤 한다.

로 옮긴다. 반을 잘라 입에 넣고 돼지고기 장조림을 동행시킨다. 제대로 부쳐진 동그랑땡과 장조림의 간장 맛은 궁합이 좋다. 돼지고기라고 믿기 힘들 정도로 부드러운 장조림은 이 집의 자랑이다. 그 다음은 어묵 부침과 밀가루 지짐이 기다린다. 또 한 숟가락 밥을 뜨고 두 가지 반찬을 동시에 집어 입 속으로 넣으면 어묵의 졸깃함과 밀가루의 고소함이 어우러진다.

자극적이지 않은 잔잔한 매력에 밥을 또 밀어 넣게 되고, 반찬과의 균형이 무너지면 망설임 없이 새콤달콤한 오이 무침을 투입시킨다. 오이를 씹는 소리가 기분 좋게 귓전을 울리는데 조금 짜다 싶으면 바삭한 생선까스를 지원군으로 보내면 된다. 튀김 옷 사이로 전해지는 생선의 질감은 보드랍고 개운하다. 명절날 먹는 동태전의 그것처럼 간이 잘 배어 있고 무르지 않다.

포장을 하지 않고 가게에서 식사를 하면 장국과 감자샐러드가 함께 곁들여지는데 이 또한 별미다.

캬라멜색 소스를 뿌려 내주는 함박스텍도 많이 찾는 메뉴이다. 구운 함박스텍을 채 썬 양배추 위에 올리고 잘라서 테이블에 내준다. 고급 레스토랑의 질 좋은 육즙이 흐르는 함박스텍은 아니지만 고소하고 폭신하다. 진하지 않은 브라운소스가 오히려 잘 어울리는 데 절로 밥을 부른다.

바삭한 튀김옷과 부드러운 고기가 인상적인 돈까스도 많이 찾고, 양념 갈비 같은 맛이 나는 제육볶음도 많이 주문한다.

한 끼 식사보다는 간식처럼 간단히 즐기려는 사람들은 유부초밥이나 김초밥을 가져가는데 새콤한 맛에 이끌려 한 개 두 개 집어 먹다보면 늘 양이 부족하다.

20년 가까운 세월을 달랑 도시락 하나 가지고 버티는 것을 보면 신기하기만 하다. 학창 시절 먹던 맛을 그리워하는 직장인들은 아내나 남편의 손을 잡고 아이들과 함께 다시 찾아 그 당시의 기억을 더듬곤 한다. 배달을 하지 않는 것이 아쉽지만 이만한 가격에 그 자리를 지켜주는 것만으로도 감사한, 진정 싸고 맛있는 도시락집이다.

MENU

함박스텍 4,000원	돈까스 4,000원	제육볶음 4,000원
유부초밥 2,800원	김초밥 2,000원	도 시 락 4,000원

INFORMATION

· 전화번호 : 02 - 334 - 2935　　· 영업시간 : AM 10:00 ~ PM 9:30
· 위　　치 : 신촌 전철역에서 연대 입구로 직진을 하다가
　　　　　　 현대백화점으로 빠지는 네거리 모퉁이
· 주　　차 : 불가능

저렴한 가격, 부담없이 가는 곳

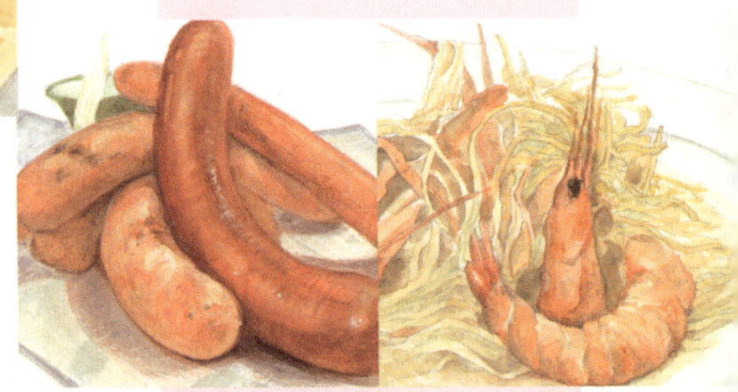

Part 5

- 도토리마을
- 라리에또
- 로젠브로이
- 우래옥
- 디딤돌숨두부
- 목포집
- 쭈꾸미숯불구이
- 하나샤브정
- 우슬이네

34 도토리마을

다람쥐가 먹을 도토리가 남아날까?

동요 때문이겠지만 다람쥐하면 제일 먼저 생각나는 것이 도토리이고 도토리하면 생각나는 것이 도토리묵이다. 여기까지는 일사천리로 연상이 가능하지만 도토리로 만든 다른 음식을 몇 가지 대보라고 하면 이쯤에서 딱 막히고 만다.

도대체 도토리묵 말고 무슨 음식이 또 있을까? 향이 드세고 맛도 떫은 도토리 요리는 강원도를 중심으로 발전해 온 탓에 도시민들은 묵 이외에는 이름조차 낯설다. 그러나 참으로 다행스러운 점은 서울 시내에 도토리 요리 전문점이 있어 다양한 형태의 음식을 맛볼 수 있다는 것이다.

얼마 전까지 독특한 도토리 음식을 개발해 주목을 받던 광장동의 '다람쥐 마을'은 최근 '도토리 마을'로 개명을 했다.

도토리마을은 점심 시간이 한 참이나 지나서 찾아도 늘 시끌시끌

하다.

개인마다 양의 차이는 있지만 혼자가 아니라면 도토리 빈대떡으로 시작하는 것이 좋다. 도토리의 특성상 빈대떡은 옅은 초콜릿색을 띄고 있다. 기름기가 얇은 막처럼 코팅이 되어 있는 전 한 장은 달려드는 젓가락에 금새 사라지고 만다.

얇으면서도 촉촉하게 지져내는 것이 기술 중의 기술이다. 도토리와 밀가루가 어우러진 고소함은 쉽사리 잊혀질 맛이 아니다. 녹두전이나 파전을 생각하며 바삭하게 구워진 주변부를 공략하다가는 후회를 하며 동행인에게 눈을 흘기기 쉽다.

얇게 썬 초절임 무에 싸먹는 갈비살도 인상적이다. 무가 먼저 씹혀 사각거림이 입 안에 전해지고 새콤한 식초가 혀를 자극하고 나면 갈비살의 쫄깃한 기름기가 곧바로 뒤를 따른다.

신선하고 맛깔스러운 것은 사실이지만 양이 많지 않아 허기진 배를 불리는 데는 적당치 않으니 고기가 대여섯점 정도 남으면 도토리 사골탕이나 칼국수, 냉면, 도토리물묵밥 중 하나를 서둘러 선택하는 것이

도토리마을

화끈한 첫인상은 아니지만 오
래도록 기억에 남도록 잔잔하
게 유혹하고, 저렴한 가격에
더욱 만족스러운 도토리마을

허기진 배를 위해서는 바람직하다.

도토리 사골탕과 도토리 수제비는 육수가 사골베이스로 동일하다. 그러다보니 기호에 따라 면이냐 수제비냐를 고르면 되는 것이다.

푹 곤 사골국물은 걸쭉하다는 표현이 어울릴 정도로 맛이 깊고 진하다. 듬뿍넣은 김가루는 육수를 더욱 탄탄하게 받쳐 주면서 시원함을 내뿜는다.

쫄깃함만으로 평가를 하자면 수제비 쪽의 손을 들어주고 싶지만 후루룩 거리며 소리까지 맛으로 만드는데는 도토리 국수가 앞서지 싶다. 오목한 항아리에 담겨 나오는 밥까지 말고 나면 왠만한 설렁탕이 부럽지 않다.

한 가지 아쉬운 점은 깍뚜기는 썩 괜찮은 손맛을 보이는데 비해, 배추김치의 간이 짜다는 것이다.

새콤달콤한 육수에 말아내오는 도토리 냉면은 사골탕의 국수와는 사뭇 느낌이 다르다. 전분이 적당히 섞여 매끄러운 탄력이 고스란히 담겨 있다. 메밀처럼 툭툭 끊어지지 않으면서도 가위가 필요 없을 정도의 딱 알맞은 쫄깃거림이 경쾌하다. 쌉쌀하면서도 조금은 텁텁한 도토리향이 육수와 면에 짙게 배어 있지만 거북스럽지 않다.

사골 육수를 싫어하는 손님들을 위해서 별도의 식사메뉴가 준비되어 있는데 멸치를 베이스로 국물을 만들어 낸 도토리물묵밥이다. 직접 쑨 묵을 길쭉하게 채썰어 사발에 그득 담고 머리와 꼬리를 떼낸 통통한 콩나물을 삶아서 얹고 삭힌 고추를 고명 삼아 올린 후 멸치 육수를 한 사발 부어내는데 향이 예사롭지 않다. 뭉턱뭉턱 길다란 모양새 때문에 젓가락보다는 숟가락이 어울린다. 팥빙수 비비듯 쿡쿡 찔러서 잘근하게 토막 내어 육수와 함께 입에 넣으면 씹을 틈도 없이 목구멍으로 넘어간다. 시원한 국물에 아삭아삭 씹히는 콩나물! 그리 독하지 않지만 알큰하게 풍기는 고추의 향! 화끈한 첫인상은 아니지만 오래도록 기억에 남는 잔잔한 유혹이다.

남은 국물에 밥을 말면 시원했던 멸치육수는 보드랍고 걸쭉하게 변한다. 저렴한 가격에 두루두루 만족스러워 가족들이 찾기에 적당하다.

MENU

사골탕 6,000원   수제비 6,000원   냉면 6,000원

INFORMATION

· 전화번호 : 02 - 444 - 6999   · 영업시간 : AM 10:00 ~ PM 9:00
· 위   치 : 지하철 5호선 광나루역 열린교회 옆
· 주   차 : 가능

주말이다, 가족과 함께 행복 찾기

35 라리에또

풀코스로 즐기고도 부담 없는 가격

음식 칼럼을 하다보니 주위에서 괜찮은 이탈리안 레스토랑을 소개해 달라는 주문을 자주 한다. 이럴 때는 아주 고역스럽다. 설렁탕이나 김치찌개 같은 평범한 음식이면 오히려 쉬울텐데 외국 음식, 그것도 이탈리안 레스토랑이라!

이런 전화를 받으면 그 사람의 배경이나 생활 정도 등을 고려해야 한다. 내가 잘 아는 사람이면 상관없지만 누구한테 소개를 받았다고 접근해 오면 이런 세세한 내용들을 물어볼 수도 없고 난감하기 이를 데 없다.

엥겔지수에 대한 부담이 적은 사람이라면 청담동의 '본뽀스또'나 힐튼 호텔의 '일폰테'를 알려주고 싶지만 그런 사생활을 캐물었다가는 말을 꺼내자마자 육두문자가 날아올 것이 뻔하다.

기사를 보고 전화를 했다는 독자에게 나이가 몇 살이며 누구랑

갈 것인지 같은 오밀조밀한 이야기를 꺼내는 것도 어렵다. 그러나 제대로 가이드 하기 위해서는 상대편의 예산을 묻는 것이 좋다.

대략 한 사람당 30,000~40,000원 정도의 예산이라면 '일치프리아니' 나 '라쿠치나' 의 런치 코스 메뉴를 추천하고 싶다.

하지만 "15,000원에서 20,000원 사이, 게다가 분위기도 좋고 와인도 한 잔 걸치고 싶다"는 요구 사항들이 뒤에 붙으면 이야기는 달라진다. 결론적으로 싸고 맛있고 푸짐한 집을 알려달라는 소린데 그러려면 어깨에 힘을 뺀 레스토랑을 찾아내야 하는 것이다. 그렇다면 딱 어울리는 집이 한 군데 있다.

라리에또! 최고급은 아니지만 나름대로 값 싸고 맛있는 집으로 인정받고 있는 이 곳은 일단 분위기가 편하다.

가게 앞을 장식하고 있는 〈La lieto〉라는 네온사인만 없었다면 특색있는 가정집처럼 느껴진다. 실내 또한 아늑하고 소담스럽다. 반면에 메뉴판은 집 분위기와는 달리 복잡하고 다양하다.

하우스 와인을 한 잔 시키고 메뉴판을 훑어 내리다가 '리코타 치즈 샐러드' 와 '농어

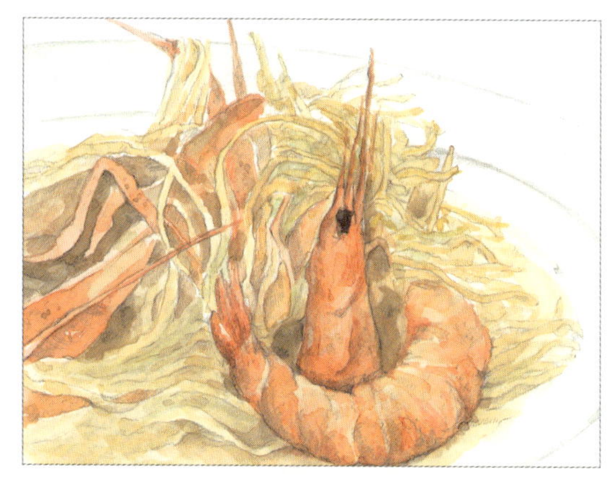

주말이다, 가족과 함께 행복 찾기

카르파치오'를 한 접시씩 주문한다. DOCG(denominazione di origine controllata e garantita)급 최상품 와인은 아니지만 정성들여 고민한 흔적이 배어 있는 와인 한 잔이 새큼하게 입 안을 맴돌며 식욕을 자극한다.

마치 숨을 쉬는 것처럼 탱탱한 야채들이 리코타치즈와 함께 접시에 담겨 오른다. 직접 만든 리코타치즈의 진하지 않은 농도의 경쾌함이 부담스럽지 않아서 좋고, 혀의 신경을 거세게 두드리는 차가운 질감이 상쾌하다.

얇게 저민 농어를 접시에 깔고 잘게 썬 토마토, 양파, 야채, 소금, 후추, 올리브 오일로 화려하게 치장한 카르파치오는 입맛을 돋우는 데 탁월한 기량을 발휘한다. 접시바닥이 비치도록 투명한 농어살을 올리브 오일이 감싸며 보드라움을 배가시키고 씹는 재미를 선사한다.

비교적 저렴한 가격에 카르파치오나 리코타 치즈 샐러드 같은 만족스러운 전채 요리를 맛 볼 수 있다는 것은 행운이다.

전채 요리로 입가심을 했다면 파스타로 넘어가보자. 가장 기본이라고 할 수 있는 '후레시 조개 스파게티'는 알이 작은 조개를 와인 허브 오일로 졸여서 소스로 활용하는데 상당히 담백하다. 오히려 심심하다고 판단될 정도로 묽지만 강한 조개의 향이 만족스럽다.

크림 파스타도 찾는 손님들이 많다. 그 중에서도 '새우 페스토 크림 파스타' 는 고소함의 극치를 보여준다. 바질을 다지고 잣을 갈아 만든 페스토소스의 향이 혀와 코를 자극하는데 싱싱한 새우와 짭짤한 베이컨이 뒷맛을 강조한다. 조금 아쉬운 점은 소스의 농도가 너무 묽다는 것인데 주문할 때 좀 더 진하게 해달라고 요구하면 요리에 고스란히 반영해 준다.

소리를 지르며 칭얼대는 서너 살배기 아이들과 식당을 찾는 것이 조심스러운 부모들에게 안성맞춤인 아늑하고 편안한 레스토랑이다. 아이가 떼 쓸 기세를 보이면 얼른 테이블 위에 놓인 크레용을 쥐어주고 1회용 종이 식탁보에 그림을 그리도록 해보자.

아마도 라리에또가 원하는 '행복한 장소' 란 이런 곳이 아닐까?

MENU

리코타 치즈 샐러드	6,500원	농어 카르파치오	8,200원
후레시 조개 스파게티	9,400원	알프레도 파스타	11,300원
토마토 치즈 스파게티	10,500원	새우 페스토 크림 파스타	11,500원

INFORMATION

· 전화번호 : 02 - 545 - 7949　　· 영업시간 : PM 12:00 ~ PM 9:00
· 위　　치 : 3호선 압구정역 4번 출구로 나와 직진을 하다가 (동호대교 남단 다리가 끝나는 지점) 국민은행과 수입자동차 판매장 사이 골목
· 주　　차 : 가능

36 로젠브로이

패밀리 레스토랑의 엔터테이너

일산에는 식당이 참 많다. 경쟁이 치열할뿐더러 다루는 음식의 종류도 천차만별이다. 그런 일산에 눈과 귀, 입을 즐겁게 해주는 초대형 패밀리 레스토랑을 표방한 식당이 하나 생겼다. '로젠브로이!'

이 집의 문을 열고 들어서면 입이 떡 벌어진다. 거짓말처럼 느껴지겠지만 매장의 끝이 보이지 않는다.

넓이도 넓이지만 그 큰 매장의 한 쪽 벽면을 통째로 차지하고 늘어선 은색의 맥주숙성통들이 시선을 빼앗는다. 속이 훤히 들여다 보이는 통유리 덕분에 시원스레 맥주통들을 감상할 수 있고 운이 좋으면 독일인 비어마스터가 맥주를 관리하는 모습도 지켜볼 수 있다.

로젠브로이는 동양최대 규모의 '맥주자가제조시스템'을 완비하고 있다. 규모가 크다고 반드시 질 좋은 맥주를 만드는 것은 아니지만 보다 체계적인 제조공정의 관리가 가능하므로 상대적으로 유리

한 고지를 점령하고 있음은 인정하지 않을 수 없다.

패밀리 레스토랑을 표방한 탓인지 안주 위주의 여느 맥주집들과는 달리 메뉴구성이 짜임새 있다. 스프 종류를 구비하고 있다는 사실 자체가 요리에 대한 자신감을 표현한 것인데 맛을 내기 어렵다는 헝가리식 '굴라쉬수프' 와 이태리식 해산물 수프인 '페세' 의 제대로 된 맛을 경험할 수 있다.

해산물 스프라면 사족을 못 쓰는 필자는 자리를 잡으면 일단 페세부터 주문한다. 홍합과 조개, 새우, 양파 등을 깔끔하게 손질하여 1인분씩 끓여내는데 국물이며 해산물에 탐닉하다보면 손놀림이 무척 빨라진다. 잔잔하면서도 깊이 있는 바다의 향이 입 안 가득 퍼져 입맛을 돋우는데는 안성맞춤이다. 매콤한 굴라쉬스프 역시 소고기와 야채를 우려낸 손맛이 인상적이다.

메인디쉬는 등심, 안심 스테이크, 도미살, 왕새우, 바비큐 돼지갈비 그리고 바비큐 치킨이 준비되어 있다.

소고기의 묵직한 육질과 환상적인 육즙을 즐기기에 로젠브로이의 스테이크는 손색

주말이다, 가족과 함께 행복 찾기

로젠브로이

동양 최대 규모의 맥주자가
제조시스템을 완비하고 있
고, 라이브 무대도 마련되어
있는 등 볼거리도 풍성한 패
밀리 레스토랑

이 없다. 힐튼호텔 출신의 주방장이 진
두지휘하며 관리를 도맡아 하므로 맛이
골고루 균형 잡혀 있고 기본기가 탄탄
하다.

새콤한 소스가 도미살을 감싸안
고 있는 도미살요리와 손바닥만한
왕새우 요리는 여성들의 인기를
독차지한다. 깔끔하고 앙증맞은 가
니쉬는 섣불리 손대기가 아까울 정도다.

돼지 갈비를 석쇠에 구운 바비큐 요리는 달착한 맛으로 유혹을
하고, 기름기를 제거한 바비큐 치킨은 담백함으로 승부를 건다.

가족들과 함께 어울리는 자리에서는 역시 상대적으로 도수가 낮
은 맥주가 제격이다. 모두 세 종류의 하우스 맥주를 제조해 선보이
고 있는데 가장 대표적인 독일식 맥주인 헬레스는 산뜻함과 신선함
덕분에 감미롭게 느껴진다. 묵직한 맛이 인상적인 바이첸은 향이
두드러진다. 흑맥주 특유의 쌉쌀함이 매니아들의 손길을 보채는 둔
켈은 가장 남성적인 맛을 자랑한다. 거친 향에 취해 한 모금 들이키
면 상큼한 신맛이 입 안에 퍼지고 구수한 향미가 뒤를 따른다.

워낙 맥주가 맛있어서 늘 예상한 주량을 넘기곤 하는데 이 때 딱
필요한 안주가 바로 독일식 정통 소시지이다. 특별 주문 제작하는
로젠의 소시지들은 전부 수제품이다.

　길쭉한 나무판 위에 놓여 서빙되는 로젠 스페셜 소시지는 팔뚝만한 길이에 엄지 손가락만한 두께의 모양새를 갖추고 있는데 물기가 촉촉하고 쫄깃거림이 적당하다. 씹는 내내 고소함이 묻어난다.

　스폰지처럼 씹히는 바이스 소시지는 육질의 감촉이 색다르고 맛이 담백해 뒤를 잇기에 부족함이 없다. 쫄깃함만 놓고 보자면 브라트 소시지를 따라 잡기 힘들다. 뽀도독 터지는 그 순간부터 목에 넘기는 그 시간까지 탄력을 잃지 않는다. 짭짤함이 그냥 먹기에는 세다고 느껴지지만 쌉쌀한 맥주와는 찰떡 궁합이다.

　오후 5시부터는 라이브 무대가 열려 가수들의 노래를 들을 수 있고 말만 잘하면 커다란 매장 이곳저곳을 돌아다니는 전기카트도 타볼 수 있다.

MENU

스테이크 25,000원　　파스타 10,000원 ~ 15,000원　　모듬소시지 22,500원

INFORMATION

· 전화번호 ： 031 - 920 - 9900　 · 영업시간 ： AM 9:00 ~ AM 2:00
· 위　　치 ： 경기도 일산구 장항동 라페스타 A동
· 주　　차 ： 가능

주말이다, 가족과 함께 행복 찾기

37 우래옥

또 오지 않고는 못 배길걸?

매콤한 함흥냉면과 대별되며 양대 산맥을 구축하고 있는 평양 물 냉면은 '툭툭 끊기는 면발과 진한 육수를 동시에 맛 볼 수 있다' 는 장점 덕분에 늘 최고의 여름 별식으로 손꼽힌다.

나름대로 비밀스러운 노하우를 전수하며 이어져 내려오는 냉면 명가들의 한복판에 우래옥이 서있다.

최고의 명성을 구가하는 우래옥의 역사는 60년. 해방 직후인 1946년 종묘 앞에 서북관이라는 이름으로 개점을 한 후, 50년 한국 전쟁 때 마산으로 잠시 피난을 갔다가 돌아온 뒤 '다시 돌아 왔다' 는 뜻으로 현재의 자리에 '우래옥' 이라는 간판을 달았다.

실내 인테리어는 냉면의 명가답게 차분하고 안정적이다.

우래옥은 가족 단위의 손님들이 중심을 이룬다. 고향의 맛을 못 잊어하는 1세대들이 자녀들을 데리고 와 냉면 맛을 가르치는 곳으로도 유명하다.

　의자에 엉덩이를 붙이자마자 메밀 삶아낸 물과 메뉴판을 건네주는데 열이면 아홉은 평양냉면이다. 냉면을 기다리면서 컵에 담긴 메밀 국물을 한 모금 마시는 것으로 식사는 시작된다. 구수하게 퍼지는 메밀의 향이 입 안을 차분하게 정리해 주고 속을 따뜻하게 씻어 내린다.

　일단 냉면 그릇을 받고나면 가지런히 얹혀진 배 때문에 쉽사리 젓가락이 움직이지 않는다. 웃기로 올라온 채 썬 배 사이로 냉면 면발과 얇게 썬 수육이 보이는데 모양부터 예사롭지 않다.

　살며시 고기를 한 점 들어 입에 넣어보면 역시나 그 진가가 느껴진다. 고소하면서도 보들보들하게 씹히는 한우 살코기는 정직한 맛을 드러낸다.

　면을 뒤집어 육수에 풀어가면서 휘휘 젓는다. 고개를 숙여 면을 입으로 옮기는데 살짝만 씹어도 툭툭 끊어진다. 부담감이 전혀 느껴지지 않는 우래옥의 면은 서너 번만 씹어도 구수함이 줄줄 흐른다.

우래옥

살짝만 씹어도 툭툭 끊어져
부담감이 전혀 느껴지지 않
으며 서너 번만 씹어도 구수
함이 졸졸 흐르는 면과 소
고기의 진한 향이 밀도있게
전해지는 육수

그릇을 들고 육수를 마시기 시작하면 내려놓기 싫어질 정도다. 질 좋은 한우의 정육을 엄선해서 깨끗이 손질한 후, 솥에 넣고 진국이 우러날 때까지 끓여서 식히면 기름이 살얼음처럼 뜨는데 이를 제거하고 간을 해 육수로 사용한다. 소고기의 진한 향이 밀도있게 전해지는 우래옥의 육수는 바리톤 성악가의 음성처럼 진득하게 내리깔린다.

우래옥에서는 식초나 겨자가 필요 없다. 소고기 육수가 지나치게 부담스럽게 다가온다면 동치미 국물을 부탁해 혼합을 하면 색다른 맛을 경험할 수 있다. 묵직함은 옅어지고 개운함이 살아나는데 혼합비율에 따라 다양한 육수를 체험할 수 있다. 그래서 이 집을 드나드는 단골들은 면을 건져 먹기도 전에 국물을 싹 다 비우고 육수 주전자를 청해 신주단지 모시듯 옆에 끼고서 국물을 배합한다.

또 한 가지, 메뉴판에는 적혀 있지 않은 단골들만의 특별 주문 방식이 있는데 100% 메밀로만 면을 뽑은 '순면'이 그에 해당된다. 보통 평양냉면에 비해서 가격은 500원이 더 비싸지만 냉면 매니아들에게는 최고로 인정받는 별미 중의 별미다. 기본 구성은 평양냉면과 같지만 메밀 함유량이 많은 탓에 면발이 부서지듯 끊기는 매력이 있다. 한 번 맛을 들이면 두 번 다시 순면 이외에는 눈길도 주지 않게 되는 중독성이 강한 명품이다.

이 집의 또 한 가지 별미인 김치말이 냉면은 젊은 세대들에게 인기가 좋다. 소고기 육수보다는 상큼한 김치 국물을 많이 넣어 개운함을 극대화시켰는데 특이하게 냉면과 밥을 함께 말아준다. 평양냉면의 면발을 즐기면서 시원한 국물에 밥까지 말아 먹으니 일석이조인 셈이다.

김치 국물의 칼칼함을 고소하게 중화시키는 것은 국물에 동동 떠다니는 참기름의 몫이다. 건더기를 다 건져먹고도 바닥이 보일 때까지 그릇을 핥게 만드는 마력이 김치말이에 녹아 있다.

가장 비싼 냉면 값을 지불하고 돌아서는데도 아깝다는 생각이 전혀 들지 않을 정도로 최고의 만족을 선사해 주는 곳이 우래옥이다.

MENU

불　고　기	22,000원	평 양 냉 면	8,000원	순　　　　면	10,000원
소금구이 등심	30,000원	김치말이냉면	8,000원	돌 솥 비 빔 밥	10,000원
갈　　　　비	28,000원				

INFORMATION

· 전화번호 : 02 - 2265 - 0151　　· 영업시간 : AM 11:30 ~ PM 10:00
· 위　　치 : 을지로4가역 4번출구로 나와 20m직진, 오른쪽 골목 안
· 주　　차 : 가능

주말이다, 가족과 함께 행복 찾기

38 디딤돌 숨두부

강바람 속의 숨쉬는 두부 한 모

미사리 조정경기장을 지나 팔당대교에 이르는 도로변에는 카페들이 즐비하다. 이곳저곳을 기웃거리다가 기분 좋은 식당을 하나 발견하게 되었다. 질 좋은 우리 콩만을 뚝심 있고 고집스럽게 지켜 가고 있는 '두부 전도사' 가 버티고 있는 디딤돌숨두부이다.

황해도 지방의 방언인 '숨두부' 란 '숨을 돌린다' 또는 '숨을 불어 넣는다' 는 의미가 있다고 한다. 요즘 같은 시절에 생명이 숨쉬는 두부란 그 표현만으로도 진정 숨통이 트이는 듯한 기분이 든다.

부모님께 배웠다는 황해도식 '숨두부' 는 투박하고 거칠지만 진지한 맛을 선보인다.

깨끗한 물과 기후 덕에 양질의 농산물이 재배되는 강원도 땅의 콩을 가져다가 옛날 방식 그대로를 고수하며 가마솥에서 끓여낸다. 아침 6시면 콩을 갈아 가마솥에 안치고 9시쯤이면 숨두부가 나오기 시작하는데, 오전과 오후 하루 두 차례에 걸쳐 떠낸 신선한 숨두부만을 손님상에 올린다.

"100% 우리 콩만을 사용한다"는 사실에 대단한 자부심을 내비치는 이 집 주인은 어떠한 경우에도 그 날 만든 두부를 다음 날로 넘기지 않는다고 한다. '좋은 재료를 골라 음식을 만드는 데 정성을 다 한다'는 고지식한 주인장의 확고한 원칙과 의지가 기분 좋은 집이다.

이 집의 간판메뉴인 '디딤돌 정식'은 천연간수로 응고시킨 숨두부로 시작한다. 넓적한 냄비에 그득 담아 내오는 숨두부는 양념장을 두르지 않은 채 먹어도 좋을 만큼 신선하고 고소하다.

크림스프처럼 녹아내리는 숨두부로 입맛을 돋우고 나면 비지찌개와 두부지짐이 뒤를 잇는다. 콩물을 내리고 남은 비지는 생쌀을 갈아 쑨 죽처럼 입자가 곱고 부드럽다. 서너 숟가락 밥에 둘러 비비면 절로 쩝쩝 소리가 나고 작은 뚝배기가 아쉬울 따름이다.

모두부를 자른 후 계란 옷을 입혀 기름에 지져주는 두부부침은 단내가 풍기는 숨두부보다 고소함이 강하다. 작은 접시 위에서 젓가락 다

주말이다, 가족과 함께 행복 찾기

디딤돌 숨두부

100% 우리 콩만을 사용하고 어떠한 경우에도 그 날 만든 두부를 다음 날로 넘기지 않는다는 주인장의 확고한 원칙과 의지가 기분 좋은 집이다.

틈이 일어날 정도로 인기가 좋다.

콩을 이용한 또 한 가지 음식은 직접 메주를 띄워 장맛을 살린 된장찌개다. 걸쭉하게 국물을 잡아 간이 짭짤해진 찌개 국물 안의 두부를 건져 먹는 재미가 쏠쏠하다.

아쉬움에 입맛을 다시게 하는 두부 김치를 비롯해, 여러 종류의 나물들과 뚝배기 불고기, 황태구이, 더덕무침 등도 깔끔한 뒷맛을 자랑한다. 곁들여지는 보리밥에 반찬으로 나온 나물들을 얹고 된장찌개나 고추장을 넣어 쓱쓱 비벼 먹는 것도 색다른 별미다.

식사를 마친 후엔 길게 뻗은 강변을 따라 드라이브를 하고 조정 경기장 안에 자리를 잡는다. 넓게 펼쳐진 잔디밭과 잔잔한 강물 위를 가르며 조정 연습을 하는 선수들의 모습이 그림처럼 고요하다. 시원한 강바람과 마음까지 훈훈해 지는 숨두부 한 그릇. 오랜만에 아이들과 어울려 공도 차고 범퍼카도 타며 신선한 공기에 한껏 몸을 내맡겨 보는 시간이다.

나른하지만 기분 좋은 피로가 몰려온다. 점심을 먹고 나서 포장해 온 두부 한 모를 생각하니 돌아가는 길에서도 웃음이 난다.

MENU

디딤돌 정식 10,000원   김 치 전 골   8,000원
보 리 밥 정 식   7,000원   두부버섯전골   10,000원

INFORMATION

· 전화번호 : 031 - 791 - 0062   · 영업시간 : AM 10:00 ~ PM 10:00
· 위   치 : 미사리 팔당대교 500m 전
· 주   차 : 가능

주말이다, 가족과 함께 행복 찾기

39 목포집

솜씨 좋은 종가집의 내림 손맛 그대로…

1930년대 후반 서울 낙원동의 '평양냉면집' 이 생기기 전까지는 갈비를 '가리' 라고 불렀다. 그 후 수원의 '화산옥', 예산의 '소복식당' 그리고 전남 송정리의 갈비집들이 문을 열면서 갈비요리가 대중화되었다. 최근에는 미식을 즐기는 관광객들의 입소문에 의해 해외에서까지 인기를 끌고 있다.

남도의 대표음식 중 하나인 떡갈비는 원래 귀한 궁중음식이었다. 소를 잡아 갈비를 추리고 붙어 있던 살을 저미고 다진 후 떡처럼 모양을 내기 때문에 '떡갈비' 란 이름이 붙게 되었다.

유배 내려간 양반들이 남도지방에 그 조리법을 전수해 주었고, 궁중의 조리사들과 기생들이 경기지역 일대에 유행을 퍼뜨리면서 전국에 퍼지게 되었다.

떡갈비를 조리하는 모습을 보고 있노라면 엉뚱한 웃음이 절로 나온다. 뼈째 재단한 갈비에서 살과 힘줄을 알뜰히 분리해 내고 칼등으로 곱게 다진다. 갖은 양념을 더해 반나절쯤 재운 후 그 살을 다시 뼈에 붙이고 석쇠 위에서 굽는다. 떼었다 붙였다 하는 모습이 번거로워 보이지만, 두 손으로 갈비를 잡고 뜯을 임금님이나 질긴 갈비살을 먹기 위해 애쓰는 노인들과 아이들의 모습을 생각한다면 대단한 아이디어임에 틀림없다.

이렇게 개발이 된 떡갈비를 솜씨 좋은 조리사들과 아주머니들이 내리물림하며 전통 음식으로 명맥을 이어왔는데, 종로경찰서 건너편의 목포집에 가면 그 손맛을 확인할 수 있다.

목포집은 한국 전통음식 보존협회가 선정한 맛집이기도 하다.

넓찍한 한옥을 개조한 식당은 은은한 조명이 실내를 산뜻하게 밝혀주고 있어 들어서면서부터 심상치 않은 기운을 쏟아 놓는다. 떡갈비를 주문하고 잠시 눈으로 실내를 기웃거리는 사이, 아주머니들이 분주히 음식을 나른다.

제일 먼저 눈을 즐겁게 하는 것은 반짝반짝 윤이 나는 사기그릇 속의 밑반찬들이다. 시원하게 무친 가지

주말이다, 가족과 함께 행복 찾기

목포집

나물, 아삭거리는 물김치, 싸리한 취나물, 아작아작 씹히는 오이지, 쌉쌀한 갓김치까지 어느 것 하나 진한 손맛이 묻어나지 않은 것이 없다. 솜씨 좋은 종가집의 전통있는 내림음식 맛 그대로이다.

1인분에 두 덩이가 나오는 떡갈비 정식의 맛은 고급스럽다. 함박스테이크처럼 두툼하게 빚어 석쇠에 구워내는데 살짝 그을린 모양새가 군침을 돌게 한다. 지방과 갈비 살을 적절히 배합해서 고소하고 담백하다. 부드러우면서도 쫄깃한 맛이 아무리 먹어도 질리지 않는다.

센 불에서 단시간에 익히다 보니 속으로 들어갈수록 선홍색의 고기 속살이 보인다. 덜 익었다고 불쾌해 할 일이 아니다. 오히려 그 신선함이 만족스럽다. 재료의 특성을 살리는 딱 알맞은 양념 또한 이 집의 자랑이다.

갈비살 또는 등심을 골라 마늘, 생강, 배, 양파, 참기름과 들기름, 물엿 등을 골고루 배합한다. 간장보다는 소금으로 간을 해서 냉장고에 2~3일 숙성시킨 후에 석쇠에 호일을 깔고 구워야 국물이 빠진다.

이렇게 구워낸 떡갈비는 양념의 달콤한 맛과 쫄깃하고 부드러운 갈비의 육질이 어우러져 감칠맛이 그만이다.

60년대 목포지역 최고의 음식점이었던 '옥천식당' 의 명성을 고스란히 유지하고 있다.

MENU

떡 갈 비 20,000원   낙지탕 (3~4인분) 45,000원
홍어찜 (3~4인분) 80,000원

INFORMATION

· 전화번호 : 02 - 722 - 0976
· 영업시간 : 점심 PM 12:00 ~ PM 2:00 / 저녁 PM 5:30 ~ PM 10:00
· 위   치 : 안국역 1번출구 오른쪽 미래꽃집 골목 안 60~70m지점
· 주   차 : 직원 안내

40 쭈꾸미숯불구이

기분까지 맛있어서 더 행복한 집

　주꾸미를 전문으로 하는 식당들은 주방을 담당하는 아주머니들의 불만이 이만저만이 아니다. 다른 해산물에 비해 손이 많이 가는 주꾸미는 손질이 까다롭다. 낙지는 물로 행군 다음 내장까지 먹어도 좋지만 주꾸미는 머리를 뒤집어 먹물과 내장을 떼어낸 후 굵은 소금을 뿌려가며 빡빡 씻어 주어야 한다. 주꾸미 표면의 점액질로 인해 생기는 거품과 속에서 흘러내리는 시커먼 불순물이 제거될 때까지 이 작업을 반복해야 하기 때문에 주방에서는 원성이 자자할 수밖에 없다.

　그러나 언제 들러도 깔끔하고 정갈하게 손질된 주꾸미와 작지만 반들반들 윤이 나는 가게.

　마포에 있는 '쭈꾸미숯불구이'는 주꾸미 요리에 관한한 둘째가라면 섭섭해 할 만큼 확실한 자리 매김을 하고 있는 숯불구이 집이다.

여기서 숯불구이임을 강조하는 이유는 다른 조리법과 그 맛이 판이하게 다르기 때문이다. 그리고 훨씬 손이 많이 가는 번거로운 방식임에도 고집스럽게 이 스타일을 지켜나가고 있기 때문이다. 그래서 믿음직스럽다.

발갛게 열이 오른 숯불 위에 석쇠를 올리고 잠시 기다리면 양념한 주꾸미를 내온다. 석쇠 하나 가득 주꾸미를 깔고 나면 마치 생물처럼 꿈틀거린다. 열이 닿은 주꾸미의 다리며 몸통이 굽어지면서 몸을 배배 꼰다.

우스꽝스러운 모습에 취해 구워지는 시간이 길어지면 곤란하다. 다리며 빨판이 타는 것도 문제지만 육질이 단단해지면서 질겨지기 때문이다. 구워지는 모습만으로도 충분히 식욕은 자극되지만 스멀스멀 퍼지는 향을 맡고 있노라면 그냥 앉아 있기 힘들다. 침샘이 자극되어 양 볼 끝이 당긴다.

적당히 구워진 주꾸미 한 점을 입에 넣으면 특유의 육즙이 입 안 가득 흘러나와 갯내음을 전한다. 구이용으로 고르다 보니 작은 사이즈의 낙

주말이다, 가족과 함께 행복 찾기

맑랑거리는 속살이 적당히 구워진 주꾸미 한 점을 입에 넣으면 특유의 육즙이 입 안 가득 흘러나와 갯내음을 전한다.

쭈꾸미숯불구이

지만큼이나 사이즈가 크다. 말랑거리는 속살이 특징인 주꾸미는 아무리 먹어도 물리지 않는다.

아마도 비결은 된장에 있는 듯싶다. 고추장과 고춧가루만으로 양념을 배합하면 칼칼함은 살아나지만 진득한 맛이 부족한데 된장을 같이 섞으면 맛이 진하고 묵직해진다. 자주 드나드는 단골들은 숯불 위에서 익힌 주꾸미를 그릇에 남은 양념에 굴려 먹는데 이래야 진미를 느낄 수 있다.

주꾸미가 반쯤 없어지고 나면 이 집의 장기인 오징어 호박전과 된장찌개가 나온다. 내용물이 그다지 건실하진 않지만 써비스치고는 훌륭하다. 바삭거리는 부침개는 게눈 감추듯이 접시에서 사라지고 만다.

더 먹고 싶어서 머뭇거리면 여지없이 안주인의 "더 드릴까요?" 하는 질문이 날아오고, 그저 씩 웃으면 합의가 이루어진다.

양념 숯불구이라면 소주 안주처럼 느껴지지만 사실은 공기밥과 먹는 맛이 의외로 좋다.

온 가족의 친절이 미안하다 싶을 만큼 써비스가 좋다. 그런 분위기 탓인지 가족 단위로 온 손님들이 많고 남겨 두고 온 식구를 위해 포장을 해 가는 손님들도 유난히 눈에 많이 띈다.

맛과 양, 가격, 써비스 모든 면에서 높은 점수를 주고 싶은 집이다.

MENU

주꾸미 숯불구이 12,000원

INFORMATION

· 전화번호 : 02 - 703 - 1538　· 영업시간 : PM 12:00 ~ PM 11:00
· 위　　치 : 마포 홀리데이인 호텔 뒤 도화파출소 옆 골목
· 위　　치 : 불가능 (인근 주차장 별도 이용)

주말이다, 가족과 함께 행복 찾기

41 하나샤브정

초강력 울트라 가격대비 성능

음식을 먹고 나서 맛있게 '자~알 먹었다'는 소리가 절로 나는 데는 몇 가지 요소가 있다.

아무리 대단한 산해진미라 해도 숨소리마저 불편할 만큼 어려운 사람들과 함께 하는 자리이거나, 무지막지한 음식값이 가슴 한 편을 답답하게 내리누르면 음식이 입으로 들어갔는지 코로 들어갔는지 느낄 여유조차 없는 법이다. 반대로 편안한 분위기에서 좋은 사람들과 격의 없이 맛있게 먹다보면 평범한 음식이 궁중요리처럼 느껴지기도 한다. 분위기, 함께 먹는 사람, 음식의 수준과 함께 맛을 결정하는 요소로 '가격'이란 것을 배제할 수는 없다. 그래서 맛있는 집을 논할 때 '가격대비 성능'을 중시하는지도 모르겠다.

샤브샤브가 국내에 상륙한 역사는 그리 길지 않지만 고급 음식의 반열에 당당히 자리 잡은 메뉴임에는 틀림이 없다. 그래서인지 샤브샤브를 전문으로 하는 식당들의 대부분은 고급스럽다. 인테리어는 물론이고 맛과 분위기, 재료의 질에 있어서도 흠잡을 데 없는 곳이 꽤 많아졌다.

게다가 요즘은 품격있는 써비스를 표방하며 1인분 단위로 서빙을 하는 곳도 많지 않은가? 1인분씩 나누어서 서빙을 한다는 것은 충분한 대화를 나누면서도 내 몫은 틀림없이 챙겨 먹을 수 있다는 장점을 갖고 있다. 그런데 한 가지 이상한 점은 나에게 돌아온 몫을 깨끗이 비웠음에도 불구하고 그다지 포만감을 느낄 수 없다는 점이다. 추가를 하자니 동행의 눈치가 살펴지므로 (물론 그것은 계산의 주체가 나 일 때도 그 일 때도 예외일 수 없다) 언제나 먹다 만 듯 감질나게 먹고 자리를 털고 일어서게 된다.

만약 한 번이라도 이런 경험을 해 보신 분이라면 이 집을 적극 추천한다. 샤브샤브에 관한 한 가격대비 성능이 최고라고 확신하는 집이다.

낮아 보이는 듯한 가게의 문을 열고 들어서면 일본의 자그마한 주점을 그대로 옮겨 놓은 듯한 실내 인테리어가 손님들을

주말이다, 가족과 함께 행복 찾기

하나샤브정

고기를 한 점 들고 냄비 속에
두어 번 흔들어 참깨 소스를
찍어 한 입 먹는 순간 이 집
을 좀 더 일찍 몰랐다는 사실
이 억울하게 느껴진다.

맞이한다. 좁다란 홀과 몇 사람이 앉을 수 있는 바를 지나면 계단 세 개 밑에 룸이 자리 잡고 있다.

어디든 편안하게 자리를 잡고 앉아 주문을 시작해보자. 메뉴 아래 적힌 가격을 확인하는 순간, 보는 사람만 없다면 '으하하' 큰 소리로 웃고 싶어질 정도다.

주문을 마치면 샤브샤브용 얇은 냄비에 뽀얀 사골국물을 내온다. 이어서 나오는 야채 바구니에는 배추, 부추, 쑥갓, 포항초, 느타리, 팽이, 표고, 곤약, 두부 등이 푸짐하게 담겨 있다.

야채를 하나하나 익혀 폰즈 소스를 살짝 찍어 입에 넣는다. 이번엔 고기를 한 점 들고 냄비 속에 두어 번 흔들어 참깨 소스를 찍어 한 입. 순간 이 집을 좀 더 일찍 몰랐다는 사실이 억울하게 느껴진다. 이 집의 샤브샤브가 가격대비 고성능임을 부인할 수 없게 하는 막강한 무기가 바로 이 참깨소스다.

그리고 다른 한 가지 비결은 '돼지고기 샤브샤브'라는 점이다. 물론 '소고기 샤브샤브'도 다른 집보다 저렴하긴 하지만 웬만하면 돼지고기를 드시라고 권하고 싶다. 왜냐하면 가격이 저렴한데도 소고기보다 훨씬 더 부드럽기 때문이다.

얇게 썬 핑크색의 돼지고기를 육수에 서너 번 휘휘 저어 입에 넣으면 육질이 씹힐 틈도 없이 녹아 버린다. 돼지 특유의 거북스러운 향도 전혀 없다. 곱게 간 참깨를 이용해 걸쭉하게 만든 소스가 개성 있는 뒷맛을 책임진다.

샤브샤브는 먹다보면 재료에서 흘러나온 육수로 인해 소스가 묽어지기 쉽다. 이 때는 소스를 더 달라고 하면 되는데 조그만 플라스틱에 든 주전자를 통째로 가져다준다. 그런데 참깨 소스를 손님들이 어찌나 찾아대는지 소스 통을 두고 숨바꼭질을 할 지경이다.

저렴한 가격에 우동 사리까지 곁들이고 나면 계산을 하기 미안할 지경이다.

MENU

돈(豚) 샤브샤브 9,000원   우(牛) 샤브샤브 11,000원

INFORMATION

· 전화번호 : 02 - 538 - 7114   · 영업시간 : AM 11:00 ~ PM 10:00
· 위   치 : 삼성동 KOEX 뒤 한국관 골목
· 주   차 : 불가능

주말이다, 가족과 함께 행복 찾기

42 우슬이네

별의별 보양 닭 요리

닭요리 하나로 부자의 반열에 올라선 일산의 우슬이네.

입구로 들어서면 전복과 참게를 풀어놓은 수조가 시선을 잡아끈다. 짙은 회색의 등딱지를 업고 있는 참게들이 부지런히 수조 안을 오가며 산책을 즐기고 있고 다른 쪽의 수조에는 전복들이 벽을 기어 오르며 꾸물거린다.

비밀스러운 이야기라도 할 참이면 방을 고집해야 하겠지만 가족이 함께 간 경우라면 널따란 마루의 창가 쪽을 권하고 싶다. 초록빛 카페트 마냥 물결치듯 펼쳐진 논을 보고 있노라면 아스팔트 빌딩 숲에서 쌓였던 스트레스가 뒤돌아볼 겨를도 없이 사라진다.

일행들과 잠시 담소를 나누는 사이에 메뉴판이 슬그머니 테이블에 오른다. 펼치는 순간 그 다양함에 입을 벌리게 되지만 늘 그렇듯 결론은 '전복참게닭' 이다. 그리고 대나무주!

노란 배추 속이 탐스러운 아삭함을 만들어내는 백김치를 입에 물고 한 잔, 새콤달콤한 오이피클 베어 물고 한 잔, 미역볶음 한 젓가락 입에 넣고 한 잔…. 달달한 술맛이 입 안을 감치고 도는 틈을 타서 세숫대야만한 '우슬이표' 자기 냄비가 상을 점령한다.

펄펄 끓는 모습에 놀라 자리를 뒤로 물렀다가 내용물이 궁금해 방석을 잡아당긴다. 물구나무서기를 하고 있는 토종닭 사이로 빨간 새우들이 얼굴을 내밀고 있고 일어 오르는 거품 뒤로 전복이 나뒹굴고 있다. 엽기적인 이벤트는 이제부터이다.

버글버글 거친 숨소리를 몰아쉬는 냄비에 살아있는 참게를 꾸욱 밀어 넣는다. 발버둥을 치는 것도 잠시 뜨거운 육수에 온몸을 빠트린 참게는 10초를 버티지 못하고 꿈틀거림이 잦아든다. 회색빛 껍데기가 순간 주황색으로 변하면 바라보고 있는 이들이 탄성을 자아낸다.

그러나 참게는 오프닝 세러머니에 불과하다. 감추고 있던 비장의 무기는 낙지다. 집게 끝에 대롱대롱 매달린 낙지는 쉽사리 떨어질 기세가

아니다. 냄비에 가까워질수록 사력을 다해 몸을 배배 꼰다. 사정없이 훑어 내리는 손길을 따라 닭 위로 떨어지면 뜨거운 열기로 온몸을 뒤틀며 디스코를 춘다. 격렬한 몸 사위가 힘을 잃으면 바로 가위가 날아들어 몸통을 잘근잘근 토막 낸다.

야들야들한 낙지를 잽싸게 입에 넣고 오물거린다. 씹을 때마다 육즙이 흐르며 빨판이 혀에 걸린다.

임진강에서 양식을 한 참게는 뚜껑을 벌리자 바알간 알이 드러난다. 양은 적지만 고소함은 이루 말 할 수가 없다. 우적우적 껍데기 채 씹어도 부담스럽지 않다. 씹고 있는 동안 살만 쏙쏙 빠져나와 입 안에는 부스러진 껍데기만 나뒹군다.

닭을 건드리기 전에 시커먼 국물을 그릇째 들어 마신다. 한약재의 향은 은근히 퍼지면서 해산물 각각의 맛이 온전히 살아 숨쉰다.

보혈 작용을 하는 당귀, 기운을 돋워주는 황기, 눈을 밝게 해 주는 구기자, 소화를 돕는 진피 등 40여 가지의 한약재와 재첩을 넣고 하루 동안 푹 끓인 약물(?)을 다시 냉장고에 넣고 사흘 동안 숙성을 시키면 쌉쌀한 한약재의 향이 뒤로 숨는다.

이 탕에 50 ~ 60일 자란 토종닭과 완도에서 올라 온 전복을 넣고 조미료 대신 다시마와 통마늘 그리고 생강을 넣은 후 한소끔 끓이면 신비한 국물이 완성된다.

닭다리를 하나 거머쥐고 최대한 입을 벌려 깊숙이 집어넣은 다음 힘껏 잡아 빼면 살은 입 속에 남고 뼈만 앙상하게 분리된다. 놓아먹인 닭이라 그런지 살집이 보통이 아니다.

남은 육수에 밥을 넣고 죽을 쑤면 색이 팥죽처럼 검어진다. 국자로 꾹꾹 눌러 밥알을 터뜨려야 육수가 배어들고 간이 맞는다.

후식으로 오미자차를 마시고, 뒤뚱거리며 계산대 앞으로 나가자 넉넉한 웃음의 사장이 안경을 치켜 올리며 박하사탕을 권한다. 만만치 않은 가격임에도 일행들을 둘러보면 위안이 된다.

MENU

전복참게닭 (중)	80,000원	참게닭 (중)	60,000원	한방보양닭 (중)	35,000원
전복참게닭 (대)	100,000원	참게닭 (대)	70,000원	한방보양닭 (대)	40,000원
전복참게닭 (특)	120,000원	참게닭 (특)	90,000원	한방보양닭 (특)	45,000원

INFORMATION

· 전화번호 : 031 - 923 - 7100　· 영업시간 : AM 10:00 ~ PM 9:00
· 위　　　치 : 자유로를 타고 달리다가 일산신도시 지나
　　　　　　차선이 2차선으로 줄어든 뒤 2km 지점
· 주　　　차 : 가능

주말이다, 가족과 함께 행복 찾기

오랜만에 만난 친구들과 함께
정담 나누기, 해장하기

Part 6

- 김명자굴국밥
- 녹두촌빈대떡
- 서궁
- 가빈스소시지
- 완산정
- 조원
- 기와집양곱창센터
- 연지얼큰동태국
- 순라길

43 김명자굴국밥

소주를 부르는 마약, 굴

까까머리 고교시절 가장 먹고 싶었던 먹거리 중 하나가 바로 벚굴이었다. 1, 2월 한 겨울부터 벚꽃이 모습을 드러내는 4월에 가장 많이 잡히는 벚굴은 크기가 어른 손바닥만하고 알이 커서 한 입에 먹기 힘들 정도로 푸짐했다.

퇴근길의 샐러리맨들이 삼삼오오 어깨를 붙여 바람을 막고 서서 밀회를 하듯 즐기는 벚굴은 소주를 부르는 마약이나 다름없었다.

카바이트 불빛 아래서 드라이버로 능숙하게 껍질을 깨고 손님 앞에 내밀면 굴을 잡기도 전에 소주잔으로 손이 간다.

경쾌하게 목구멍으로 털어 넣고는 꼬챙이를 이용해 후루룩 거리며 들고 마시는 손님들의 소리에 발걸음을 멈추었던 적이 한두 번이 아니었다.

잠시라도 눈길을 보내며 입맛을 다시면 여지없이 주인 아저씨의 핀잔이 날아든다. "어이 학생 집에 가!" 사춘기를 막 지나 어른 흉내를 내고 싶었던 솜털 투성이의 고등학생에게 벚굴과 소주는 최고의 별식처럼 느껴졌다.

찬바람이 불기 시작하면 굴 껍질과 소주병이 수북히 쌓인 그 시절 '구루마' 가 그리워지지만 요즘은 찾아보기 힘든 추억 속의 맛이 되어버렸다.

12월이 제철 음식인 굴을 때맞춰 먹기 위해 반년 가까이 기다려야 한다는 사실은 고문에 가깝다. 지금은 양식이 확산되고 보관 기술의 발달로 사시사철 먹을 수 있는 음식이 되었지만 과연 제철에 나는 굴과 어깨를 견줄만한 음식이 또 있을까?

굴이 생각날 때면 찾는 집이 김명자굴국밥이다.

굴 고유의 향을 만끽하려면 생굴로 시작하는 것이 좋다. 그래서 제일 먼저 선택하는 메뉴는 늘 굴보쌈이다. 일반적으로 보쌈하면 돼지고기 편육을 김치와 함께 내오는 것이 기본이지만 이 집은 편육 대신 생굴을 접시에 담는다. 한가운데 굴을 잔뜩 올리고 숨을 죽인 배

오랫만에 만난 친구들과 함께 정담 나누기, 해장하기

김명자굴국밥

소주의 맛을 더하는 굴보쌈,
굴튀김, 그리고 소주를 해장해
주는 굴국밥과의 묘한 인연

추 잎, 젓갈을 넣고 버무린 양념무채, 얇게 채친 배·오이·사과 등의 보쌈 소를 가장자리에 두른다.

배추 잎을 한 장 깔고 굴을 비롯한 재료들을 빠짐없이 켜켜이 쌓아 돌돌 말고 입 안으로 쏘옥 옮겨 씹으면 아삭거리는 배추 잎 사이로 툭 터져 나온 굴 향이 퍼진다. 굴이며 야채들이 쏟아내는 즙 덕분에 입 안이 촉촉하게 젖는다.

분위기를 바꾸는데 한 몫을 하는 것은 굴튀김이다. 뜨거운 김이 모락모락 나는 굴튀김은 딱 한 입 크기다. 튀김 옷 때문에 바삭함이 먼저 전달되고 탱탱하게 부풀어 오른 살집이 혀 위에 내려앉는다. 튀기거나 구운 굴은 생굴과 달리 물기는 적지만 씹는 맛이 색다르다.

소주를 마시다보면 뜨거운 국물에 입맛이 끌리는데 이럴 때는 굴국밥이 제격이다. 콩나물, 굴, 다시마 등을 넣고 푹 끓인 육수에 밥을 말고 굴을 한 주먹 넣어 한소끔 더 끓인다. 열기가 가시기 전에 총총 썬 파와 김, 날 계란을 넣고 참기름을 둘러 내온다.

탕이나 국이 나오면 우리나라 사람들은 숟가락으로 바닥부터 긁어 올리며 내용물을 뒤집어 보는 습성이 있다.

그런데 굴국밥을 먹을 때는 숟가락으로 휘저으면 안된다. 처음부터 계란을 깨뜨려서는 안되기 때문이다. 계란이 깨지면 국물이 만들어 내는 두 가지 맛을 느낄 수 없다. 처음부터 계란노른자를 깨뜨려 풀면 국물이 보드랍고 고소해지기는 하지만 시원함이 줄어들고, 개운함이 고소함 뒤로 밀려난다.

일단은 국물을 숟가락으로 떠먹으며 소주가 지나간 자리를 진정시키고 국밥 속에 숨어 있는 굴을 찾아먹다 보면 어느 새 콧등과 눈 밑에는 땀방울이 맺힌다.

가락동에서 시작한 굴국밥이 역삼동 비즈니스 촌까지 진출한데는 다 이유가 있다. 해가 지면 마약처럼 소주를 부르는 굴 요리에 취하고, 해가 뜨면 해장으로 내놓는 굴국밥에 취하는 샐러리맨들이 있기 때문이다.

MENU

굴국밥	5,000원	보 쌈	18,000원	굴튀김	12,000원
굴파전	12,000원	회무침	12,000원	굴 전	12,000원

INFORMATION

· 전화번호 : 02 - 561 - 6713 　 · 영업시간 : AM 8:00 ~ PM 10:00
· 위　　치 : 2호선 역삼역 4번 출구에서 50m 직진, 우측 골목 안
· 주　　차 : 가능

오랫만에 만난 친구들과 함께 정담 나누기, 해장하기

44 녹두촌빈대떡

참새가 방앗간을 그냥 지나갈 수 있나요?

홍익대 입구는 학교를 둘러싼 거리가 온통 먹거리 천국이다. 유별나다 싶으리만치 식당들의 점유율이 높지만 그럼에도 불구하고 선뜻 발걸음이 멈추는 맛 집을 찾는 것은 꽤나 어렵다.

이런 홍대적 상황에서 "저렴한 가격과 편안한 분위기로 한 잔 하기에 딱 알맞은 집을 추천하라"고 하면 바로 '녹두촌 빈대떡'을 꼽을 수 있다.

주변의 화려한 네온사인들 때문에 신경을 써서 찾지 않으면 지나치기 쉬울 정도로 작고 아담한 가게지만 늘 빈대떡 고픈 손님들로 바글바글 댄다.

한 사람이 겨우 지나갈 만한 좁은 입구는 빈대떡을 굽는 철판 때문에 기를 펼 날이 없다. 덕분에 손님들은 자리에 채 앉기도 전에 빈대떡 냄새에 취하게 된다. 폴폴 풍겨대는 이 묘한 향은 시장기를 자극하고 어떻게든 주문을 서두르게 만든다.

메뉴판은 차라리 쳐다보지 않는 것이 낫다. 빈대떡부터 감자전까지 철판에 기름을 두르고 지져내는 모든 전 종류를 총 망라하고 있어 언제나 망설여지기 때문이다. 이것저것 고를 것 없이 시작은 녹두촌 빈대떡이 좋다.

일단 주문을 마치면 인내가 필요하다. 미리 만들어 놓은 빈대떡을 데워 주는 것이 아니고 주문을 받으면 부쳐주기 때문이다. 소주를 서너 잔 넘길 즈음 테이블 위로 빈대떡이 날라진다.

앞뒤 볼 것 없이 노랗게 타 들어간 귀퉁이를 떼어 입에 넣으면 철판의 뜨거운 열기가 고스란히 전해진다. 바삭하게 씹히는 고소함 때문에 목구멍에 넘길 새도 없이 식지 않은 빈대떡을 입에 넣는다.

빈대떡을 씹다보면 아삭하게 김치가 삐져 나오는데 여기에도 비법이 숨어 있다. 여느 집처럼 일반 김치를 잘게 썰어 반죽에 넣는 것이 아니고 별도로 빈대떡용 김치를 담근다. 간이 세지 않고 심심한 것이 특징인데 이렇게 해야 녹두의 향취가 김치에 밀리지 않기 때문이다.

오랜만에 만난 친구들과 함께 정담 나누기, 해장하기

녹두촌빈대떡

식을 때 까지 기다릴 수 없어
입천장 까지는 것을 감수하고
경쟁하듯 먹어 대는 빈대떡과
전 그리고 한 잔의 술

동태전의 맛도 만만치 않다. 동태에 밀가루를 묻히고 계란 옷을 입혀 철판 위에서 앞뒤로 살짝 익힌 후 다시 꺼내 계란 옷을 한 번 더 입힌다. 이렇게 하면 퍽퍽해지는 것을 막고 생선살의 촉촉함을 오래도록 유지할 수 있다. 한 입에 쏙 넣고 오물오물 씹으면 동태 살이 부서지는 것을 그대로 느낄 수 있다.

굴전도 결코 뒤지지 않는다. 큼직한 굴을 한 웅큼 계란으로 버무려 한 알 한 알을 철판 위에서 조심스럽게 굴린다. 굴전은 식자마자 알싸한 맛이 올라오기 때문에 여럿이 가도 1인분씩만 주문하는 것이 맛있는 굴전을 먹는 요령이다. 말 그대로 살살 녹는 맛이 일품인 굴전은 몽글몽글 혀에 닿는 감촉이 좋다. 평균적으로 30알쯤 접시에 담기는데 경쟁하듯 손을 뻗으면 금새 바닥이 드러난다.

동그랑땡도 별미다. 돼지고기에 양파만 넣고 간을 맞추는데 허전한 구성임에도 질리지 않는 묘한 매력이 있다.

심플한 맛에 반해 한 접시 게 눈 감추듯 비우고 나면 단골들은 간판에는 적혀 있지도 않은 깻잎전을 슬그머니 시킨다. 동그랑땡을 만들던 돼지고기 반죽을 깻잎으로 감싸고 밀가루와 계란 옷을 입혀 부쳐낸다. 바로 이 시점에서 깻잎의 신비로운 마술이 시작된다. 동그랑땡과 내용물은 같은데도 감히 비교할 수 없는 맛의 차이가 나고, 깻잎의 향이 돼지고기와 어울려 입 속을 상큼하게 한다.

대부분의 메뉴들은 철판 앞을 지키고 있는 주인 아주머니가 개발한 것이지만 역으로 손님들에 의해서 메뉴로 등극한 것도 있다. 점심식사에 새송이전을 내놓았더니 찾는 사람들이 많아 아예 저녁시간에는 독립된 안주로 주문을 받는데 역시 메뉴판에는 올라있지 않아 단골들만이 즐기고 있다. 오동통한 새송이 버섯을 넓적하게 자르고 부침 옷을 입혀 기름에 지져준다. 뜨거운 철판에서 한바탕 구르고도 사라지지 않는 새송이 특유의 쫄깃한 탄력이 입 속 가득 머문다. 갈래갈래 찢어지는 새송이전은 아이디어가 빛나는 수작이다.

시어머니에게 물려받은 손맛은 은근하지만 방앗간이 참새를 불러모으듯 오늘도 주당들을 불러 모은다.

MENU

녹두전 7,000원   해물전 7,000원   모듬전 7,000원 (포장 가능)

INFORMATION

· 전화번호 : 02 - 338 - 5583   · 영업시간 : PM 12:00 ~ AM 1:00
· 위   치 : 지하철 2호선 홍대입구역 바로 앞의 LG팰리스 건물 뒤
· 주   차 : 가능 (공용주차장)

오랜만에 만난 친구들과 함께 정담 나누기, 해장하기

45 서궁

추억 속의 볶음밥,
그 탱글탱글한 매력!

어린 시절 그렇게 맛있게 먹던 볶음밥의 맛이 변하기 시작한 것은 자장 소스의 곁들임과 때를 같이 한다. 밥을 짓고 볶는 행위 자체에 집중하기보다는 이미 만들어 놓은 자장을 한 국자 퍼서 올려주고 그것도 모자라 써비스라는 미명하에 계란 후라이까지 얹어주는 손쉬운 방법을 선택하면서부터 맛이 흐트러지기 시작했다.

그래도 다행스러운 것은 집에서 그리 멀지 않은 곳에 제대로 된 볶음밥집이 있다는 사실이다. 게다가 보리밥을 섞어서 조리하는 덕에 톡톡 터지는 탱글탱글한 매력까지 함께 맛볼 수 있다.

볶음밥의 생명은 밥알과 불 그리고 계란탕에 있다고 해도 과언이 아니다. 이 세 가지 요소의 조화로운 결합을 이루어내지 못한다면 실패나 다름없다.

우선 밥을 고슬고슬하게 지어야 한다.

두 번째, 센 불에서 화끈하게 둘러내야 불 맛이 느껴진다. 기름을 두르고 웍에 열이 오르면 일단 밥을 넣고 주걱질을 해대기 시작한다. 밥알을 하나하나 흐트러 뜨리기 위해 쉴 새 없이 다지고 또 다진다.

팬 위에서 구르던 밥알이 노르스름한 색을 띄기 시작하면 다진 야채를 넣는다. 대파, 양파, 당근이 고작이지만 볶는 기술에 따라 고유한 향이 살기도 죽기도 하는 것이다. 키질을 하듯이 앞뒤로 흔들다가 위로 감아채는 동작을 반복해야 골고루 익으면서 섞인다. 그 사이 밥알들과 야채들은 팬 안에서 널을 뛰듯 위아래로 리듬을 탄다.

마지막으로 계란을 풀어 넣고 소금으로 간을 하면 완성이 되는데 과정이야 간단해 보이지만 맛을 내기란 여간 힘든 일이 아니다.

이렇게 만들어진 볶음밥을 입에 넣으면 밥알들이 사정없이 흩어지며 입 안 곳곳을 돌아다닌다. 마치 한 톨 한 톨 기름으로 코팅을 한 듯 매끄럽고 간지럽다.

서너 숟가락 정신없이 밀어넣다 보면 국물을 찾게 되는데 실력있는 집들은 대개 계란탕을 곁들여 준다.

서궁

보리밥을 섞어 지은 구슬한
밥의 탱글탱글한 맛과 코팅
한 듯한 볶은 야채와의 어울
어짐, 볶음밥

볶음밥의 맛을 결정짓는 마지막 요소로 계란탕을 꼽은 이유는 개운한 정리에 있다.

뽀얀 국물 사이를 헤엄치듯 하느작거리는 계란의 풀어짐도 일품이지만 어느 것 하나 치우치지 않는 재료의 균형이 참 좋다. 뜨거운 국물을 한 숟가락 떠 먹어보면 바로 그 진가를 느낄 수 있는데 담백한 계란과 시원한 부추 그리고 고소한 기름이 어우러져 소박하지만 깊이 있는 국물을 만들어낸다.

서궁은 테이블이 10개도 채 안되는 자그마한 중국집이지만 입 맛 까다로운 여의도 직장인들 사이에서도 인정을 받고 있는 실력파다.

볶음밥도 유명하지만 오향장육과 만두를 찾는 손님들도 찬사를 아끼지 않는다. 돼지가 아닌 소의 살코기를 써서 만두소를 만드는 방식이 이채롭다. 쫄깃거리는 만두피와 건건한 내용물의 궁합은 좀처럼 접하기 힘든 손맛을 보여 준다.

고량주라도 한 잔 할라치면 오향장육이 그만이다. 술의 도수가 세면 셀수록 향이 진한 안주들을 찾게 마련인데 이에 필적할만한 안주 중에 손꼽히는 것이 오향장육이다. 다섯 가지의 향을 내는 회향풀, 계피, 산초, 정향, 진피를 간장에 넣고 졸인 돼지고기는 그 자체만으로도 상당히 자극적이다.

불이 붙을 정도로 센 백주를 경쾌하게 한 잔 털어 넣고 장육을 한 점 입에 넣으면 속에서는 불이 난다. 그러나 목 줄기를 타고 내리는 뜨끈함과 혀를 아리게 만드는 마늘 향 그리고 코로 뿜어져 나오는 고수의 향은 형언하기 힘들 만큼 매력적인 경험이다.

짭짤함, 매콤함, 시원함, 쫄깃거림….

다섯 가지 향만큼이나 다양한 미감을 전해주는 이 오묘한 요리에 이끌려 오늘도 서궁 앞에는 술 고픈 샐러리맨들이 늘어서고 있다.

MENU

볶음밥 4,500원   만두 4,000원   요리 15,000원 ~ 25,000원

INFORMATION

· 전화번호 : 02 - 780 - 7548   · 영업시간 : AM 10:00 ~ PM 9:00
· 위   치 : 영등포구 여의도동 홍우빌딩 1층
· 주   차 : 가능

오랜만에 만난 친구 들과 함께 정담 나누기, 해장하기

46 가빈스 소시지

**2000년 전부터 만들어진
저장 식품의 대명사, 소시지**

지금이야 모든 학교에서 급식을 하고 있지만 70~80년대에는 대부분 도시락으로 점심을 해결했다. 새벽부터 일어나 정성을 다해 싸주시던 '어머님표 도시락'은 공통분모지만 그 퀄리티는 천차만별이다.

도시락 반찬의 주 메뉴는 열에 일곱은 멸치볶음, 오뎅조림, 콩자반…. 한꺼번에 조리했다 조금씩 덜어줄 수 있는 장기보관용 반찬들이 주류를 이루었다.

그렇게 판에 박힌 듯한 반찬에 가히 혁명이라 부를만한 사건이 하나 발생했다. 개혁의 주인공은 바로 '줄줄이 비엔나'.

속이 삐져나올 것 같은 탱탱한 속살과 뽀득거리며 터지는 소시지 껍질은 가히 환상이었다. 열십자로 칼집을 내고 달달 볶아 나팔꽃처럼 벌어진 '비엔나 소시지' 는 보는 것만으로도 군침이 돌 만큼 모든 친구들을 사로잡았다.

도시락 반찬 인기 순위의 변화를 주도해온 비엔나소시지는 오스트리아의 수도 Vienna에서 처음 생산되기 시작했다. 원래 이 소시지는 10cm가 넘는 장신이었지만 일본을 거쳐 한국으로 들어오면서 길이가 짧아졌다.

맥주 안주로 짭짤하고 쫄깃한 소시지만큼 훌륭한 것이 또 있을까? 가끔 소시지 생각이 간절해지면 교보문고 앞으로 나가 135-3번 버스에 몸을 싣는다. 한가로이 차창 밖을 구경하며 종점에 다다르면 유럽의 운치를 담고 있는 가게가 눈에 띈다. 이곳이 스코트랜드식 수제 소시지를 맛 볼 수 있는 '가빈스' 다.

포근한 분위기의 입구에는 아기자기한 소품들이 늘어서 이국적인 분위기를 연출한다.

늘 그렇듯이 모듬 소시지와 생맥주를 한 잔 주문한다. 시원한 생맥주가 목 줄기를 타고 흐르며 따끔거린다. 분주히 움직이는 주방의 몸동작

가빈스소시지

여덟 가지 다른 맛을 내는
소시지들이 구색을 맞추고
있고, 그들만의 전통을 고집
하지 않고 우리 입맛에 맞는
소시지인 '포크 & 김치'도 개
발했다.

하나하나에 집중을 하다보면 시간 가는 줄 모른다. 반 잔이 비어갈 즈음 길쭉하게 홈이 팬 나무판에 가지런히 줄을 선 소시지들이 테이블로 전달된다.

여덟 가지 다른 맛을 내는 소시지들이 구색을 맞추고 있는데 크기는 그리 만족스럽지 않다. 굵고 큼직한 소시지를 기대했다면 실망할 것이 분명하다.

어린이 영양 간식 천하장사 크기의 소시지를 하나 들어 입에 넣는다. 소시지 특유의 짭짤한 육즙이 입 안으로 흘러들고 내용물이 만두소처럼 부드럽게 풀어진다. 종잇장마냥 쉽게 찢어지는 소시지 껍질이 편안하다.

겨자의 맛이 보슬보슬 퍼지는 '허니 & 머스타드'는 유난히 보들거리고, 매콤한 칠리 향의 '포크 & 칠리'는 질리기 쉬운 단조로움에 간드러지는 자극을 선물한다. 구운 마늘의 구수함이 살포시 느껴지는 '포크 & 갈릭'은 풍부한 맛이 일품으로 절로 맥주를 부른다. 깊은 맛을 내는 데는 '포크 & 허브' 만한 것이 없다. 은은하게 젖어드는 허브향이 독특한 풍미를 제공한다.

가빈스소시지는 그들만의 전통을 고집하지 않고 우리 입맛에 맞는 소시지도 개발했는데 '포크 & 김치' 가 그 완결작이다. 김치와 소시지? 생경스런 생각에 고개를 갸웃거리던 사람들도 한 번 맛을 보게 되면 사족을 못 쓴다.

이 외에도 '파와 생강 맛' 이 있고, 스페셜이라고 불리는 종합적인 맛의 소시지가 함께 곁들여진다.

술안주로 즐겨 찾는 또 하나의 인기메뉴는 '뱅거와 머쉬' 이다. 4가지의 선택 소시지와 으깬 감자, 그리고 야채를 머스터드와 함께 내주는 종합 구성으로 소시지에 곁들이는 그레이비소스 (육수에 그레이비 파우더와 양파를 넣어 조린 소스)가 인상적이다.

퍽퍽할 정도로 되직하게 으깨 주는 감자는 순수한 감자의 맛이 담백하게 느껴진다. 소시지 밑에 자박하게 깔린 소스를 둘러먹으면 고소함이 깊어지는데 새콤한 야채샐러드와 곁들여도 색다른 맛이다.

MENU

| 모듬 소시지 (small 8개) 12,000원 | 뱅 거 와   머 쉬 11,000원 |
| 모듬 소시지 (large 16개) 23,000원 | 모듬 소시지와 볶음밥 11,000원 |

INFORMATION

· 전화번호 : 02 - 396 - 0239　　· 영업시간 : AM 10:00 ~ PM 9:00
· 위　　　치 : 세검정 지나서 구 올림피아 호텔 200m
　　　　　　　전 귀빈웨딩문화원 건물 지하 1층
· 주　　　차 : 가능

오랜만에 만난 친구들과 함께 정담 나누기, 해장하기

47 완산정

위풍당당 콩나물 해장국

'얼큰하다' 라는 단어는 두 가지 다른 뜻을 가지고 있다. 술이 거나해서 정신이 흐릿한 상태를 '얼큰하다' 고 하는가 하면, 매워서 입 안이 얼얼한 것도 '얼큰하다' 고 한다.

말대로라면 술자리에서 얼큰하게 마시고 그 다음날 아침 얼큰한 해장국으로 쓰린 속을 푼다는 것이다.

몇 달 전 고정으로 출연하고 있는 교통방송에 갔다가 아나운서들이 만든 〈우리 말 고운 말〉이라는 책을 선물 받았다. 어쩌나 내용이 삼삼하던지 그 날 저녁에 한 권을 다 읽은 기억이 난다.

참 다양하고 깊이있는 이야기들이 담겨 있었는데 가장 오래도록 여운이 남는 것은 술에 관한 내용이었다. 술의 종류나 제조법을 다룬 것이 아니라 술을 마시고 취한 정도를 표현한 글이었는데 정감 있는 표현이 상당히 인상적이었다.

술에 취하는 첫 단계를 ‘우럭우럭하다’ 라고 하는데 술기운이 조금씩 얼굴에 나타나는 모습을 말한다. 술에 취해 거슴츠레한 눈시울이 가늘게 처진 모습은 ‘간잔지런하다’, 딱 알맞은 정도로 취한 상태는 ‘거나하다’, 그리고 그 다음 단계가 바로 위에서 언급한 ‘얼큰하다’ 이다. 술이 얼큰하게 취해서 거나해진 상태는 ‘해닥사그리하다’ 고 하고, 이 단계를 지나 정신을 못 차릴 정도로 취해 몸을 가누지 못하면 ‘곤드레만드레’ 라고 표현하는데, 이런 상태를 ‘술에 감겼다’, ‘술에 먹혔다’ 라고 한다.

만약 ‘곤드레만드레’ 로 마신 다음 날이라면 백발백중 뜨거운 국물을 찾게 마련인데 이럴 때 제격인 집이 바로 완산정이다.

24시간 영업을 하다보니 아침에는 등산을 다녀오는 노년층들이 많고, 점심에는 인근의 직장인들, 해가 지고 저녁이 되면 소주 한 잔 걸치려는 학생들과 인근의 주민들, 그리고 한밤중이 되면 새벽 공기를 가르는 택시 기사들로 늘 만석이다.

2층으로 연결된 계단을 올라가 가게 안으로 들어서면 콩나물 냄새가 진동을 하는데 비린내 하나 없이 구

수하다.

부글거리는 소리와 함께 테이블 위에 올라서도 한참동안 숨이 죽지 않는 뚝배기 안의 콩나물 국밥은 불 위에 있을 때보다 더 위세가 당당하다. 거친 숨과 조련되지 않은 열기를 뿜어대며 손님을 위협한다.

거품을 국물 속으로 밀어 넣으며 휘휘 젓는데 콩나물만큼이나 빈번하게 김치가 걸려든다. 완산정 콩나물 해장국의 특징이라면 마치 평안도식 '김치국밥' 처럼 김치의 함량이 많다는 것이다. 그래서 국물도 훨씬 벌겋고 걸쭉하다.

따로 접시에 담겨 나온 채 썬 파와 들깨가루를 모두 털어 넣고 새우젓으로 간을 맞춘다. 여기서 조심해야 할 것은 조연으로 등장하는 새우젓이다. 처음에는 젓국을 다 집어 넣어도 특별히 간이 짜지 않은데 그것에 속아 새우젓을 듬뿍 넣어버리면 나중에는 감당하기 어려워질 정도로 간이 세진다.

몸 속에 짠맛을 고스란히 간직하고 있다가 국물 속에서 서서히 흘려내는 새우젓의 특성 때문이다. 그러므로 종지에서 새우를 꾹꾹 눌러 어느 정도 젓국을 빼 준 후에 간을 하는 것이 좋다.

그리고 또 한 가지 유의할 점은 뜨거움이다. 워낙에 그 강도가 세

214

서 바로 국밥을 입에 넣으면 입 천정을 데이고 호들갑을 떨게 된다. 자그마한 그릇에 일단 먹을 만큼씩 덜어 식혀가며 먹어야 방정을 떠는 일이 없다.

매우면서도 시원한 국밥에 비해 반찬은 평이한 편이지만 딱 한 가지 취나물은 어디 내놓아도 뒤쳐지지 않을 별미를 자랑한다. 된장으로 무친 취나물은 쌉쌀하면서도 고소하다.

인목대비의 양조비법으로 만들었다는 모주(不老藥酒)는 달달한 맛이 참 독특한데 쥬스처럼 경쾌하게 넘어가는 이 녀석에게 걸렸다가는 핸드폰이나 지갑을 잃어버리기 쉽고 자칫하면 내려오는 계단을 못 찾게 될지도 모른다.

MENU

콩나물해장국	5,000원	돌솥비빔밥	5,000원	파 전	8,000원
보 쌈	10,000원	홍 어 찜	20,000원	모주 (1잔)	1,000원
도 토 리 묵	8,000원	홍 어 무 침	20,000원		

INFORMATION

· 전화번호 : 02 - 878 - 3400 · 영업시간 : 24시간
· 위   치 : 서울대 입구역 1번출구 직진, 첫 번째 사거리에서 우회전
· 주   차 : 가능

오랜만에 만난 친구들과 함께 정담 나누기, 해장하기

48 조원

**이렇게 맛있는데도
오리고기 안 드실래요?**

‘오리꼬치구이’ 와 ‘영양오리탕’ 으로 25년째 여의도 샐러리맨들의 사랑을 독차지하고 있는 정통일본식 꼬치구이집이 바로 조원이다. 오리를 이용한 다양한 요리들이 선보이고 있지만 변치 않는 뚝심으로 오리꼬치의 진수를 보여준다.

오리고기 중 맛있는 부위만을 재단해서 달달한 데리야끼소스를 발라 숯불에서 구워주는 ‘오리꼬치구이’ 는 ‘풀코스’ 는 10종류, ‘하프코스’ 는 5종류로 구성되어 있다.

주문을 하면 싱싱한 샐러드와 함께 독특한 전채가 제공된다. 곱게 간 무 위에 노른자만 분리한 메추리알을 올렸다. 언뜻 보기에는 색깔의 구성 때문에 계란 후라이처럼 보이지만 자세히 들여다보면 분명 무다.

216

젊은 주인장이 가르쳐 준대로 간장을 몇 방울 떨어뜨려 젓가락으로 살살 돌려 섞은 다음 후루룩 마셨더니 입 안이 산뜻해지면서 침이 흐른다. 시원하면서도 고소한 맛이 돋움 음식의 역할을 제대로 해낸다.

드디어 꼬치의 행렬이 줄을 잇는데 1번 타자는 '오리등심' 이다. 사이즈는 나무젓가락만하니 양보다 질을 택해야 한다.

어쨌든 거뭇거뭇한 데리야끼소스를 발라 구워낸 오리등심은 입 안에서 보드랍게 씹힌다. 달달한 간장 양념이 잔잔하게 퍼지는 오리꼬치는 기름이 적당히 섞인 탓에 쫄깃한 맛이 인상적이다.

두 번째로 나오는 '오리다리꼬치' 는 지방이 적고 살집이 좋다. 등심에 비해 씹는 맛이 여유롭게 느껴지는데 닭다리처럼 살이 부드럽게 풀어진다.

이쯤 되면 된장을 넣고 끓인 시원한 김치국과 말끔한 백김치가 테이블에 오른다. 꼬치요리와 잘 어울리는 칼칼한 김치국은 목을 타고 술술 넘어가고 아삭하게 씹히는 배추와 무는 뒷맛을 정갈히 해준다.

오랜만에 만난 친구들과 함께 정담 나누기, 해장하기

쫄깃거림이 각별한 '오리껍질구이' 는 젤라틴처럼 탄력이 좋고 겨자소스와의 어울림 또한 훌륭하다. 가느다란 막대기를 타고 배배 꼬여 있는 오리껍질은 보기만 해도 웃음이 나오는데 후라이드 치킨의 껍질마냥 꺼끌거리지만 입 안을 괴롭히는 정도는 아니다.

조원

오리등심, 오리다리꼬치, 오리껍질구이, 오리목살, 오리안심구이, 근위, 오리꼬리, 은행… 으로 이어지는 오리꼬치구이 코스를 즐기세요.

'오리목살' 은 생각보다 질기지만 입 안에서 굴리며 씹다보면 특이한 뒷맛이 남는다. 마치 닭의 모래집을 씹고 있는 듯한 팽팽함이 혀의 신경을 곤두세운다. 그 작은 오리 한 마리에서 이렇듯 다양한 맛이 연출된다는 것이 신비할 따름이다.

파릇한 들깻잎을 올려 색상을 돋보이게 한 '오리안심구이' 는 향미가 오래도록 지속된다. 목살과 거리가 가까운 편인데도 씹히는 질감이나 맛은 판이하게 다르다.

소금으로만 간을 한 '근위' 는 닭 모래집과 모양새가 흡사하지만 맛은 훨씬 고급스럽다. 오리의 매력에 빠져 꼬치를 비워가다 보면 자칫 타이밍을 놓치기 쉬운 것이 백김치와 김치국이다.

기름진 오리고기의 특성 상 야채와 곁들여야 질리지 않게 먹을 수 있는데 식사 도중 적절히 안배를 해야 미감을 조절할 수 있다.

마지막을 장식하는 '오리꼬리' 와 '은행' 은 별미 중의 별미다. 바삭하게 구워진 꼬리를 씹고 있으면 고소하다는 표현이 부족할 정도이고 쌉쌀한 은행은 입 안의 잔맛을 완전히 정리해 준다.

식사 메뉴로는 누가 뭐라고 해도 '영양 오리탕'이 최고다. 된장과 들깨가 듬뿍 들어간 오리고기 국물은 거짓말처럼 기름기가 깨끗이 가셔 있다. 구수하고 진한 국물은 오리 특유의 향과 조화를 이루어 몇 순가락 떠먹다 보면 속이 다 후련해지고, 바닥까지 싹싹 긁어먹게 만드는 묘한 매력을 가지고 있다.

점심시간에는 이 맛에 반한 손님들의 주문이 끊이질 않는다. 오리고기에 대한 선입견을 가지고 계신 분들이라면 꼭 한 번 도전해볼만한 가치있는 요리다.

MENU

오리꼬치고이하프코스 (5종류)　11,000원
오리꼬치고이 풀코스 (10종류)　16,000원
오　　　　리　　　　탕　　6,000원

INFORMATION

· 전화번호 : 02 - 780 - 8720　　· 영업시간 : AM 10:00 ~ PM 10:30
· 위　　치 : 여의도 KBS별관 옆 유니온 타워빌딩
· 주　　차 : 가능

오랜만에 만난 친구들과 함께 정담 나누기, 해장하기

49 기와집양곱창센터

35년 전통의
양곱창 요리 전문점의 후한 인심

올림픽 공원에서도 족히 2km는 더 가야 만날 수 있는 오륜삼거리에는 이름만큼이나 특색있는 구이집이 하나 자리 잡고 있다. 삼거리에서 시선을 오른쪽으로 돌리다보면 하얀색 3층 건물이 눈에 들어온다.

"35년 전통의 양곱창 요리 전문점"이라는 간판이 제일 먼저 눈에 띄고 널찍한 앞마당이 이유도 없이 마음을 편하게 해준다. 통유리로 된 현관을 열고 들어서면 양이며 곱창 굽는 냄새가 진동을 하지만 역하지 않아 좋다.

손님들 사이를 헤집고 들어가 자리를 잡는데 드럼통 탁자가 배고픈 식객을 반긴다. 대폿집의 드럼통과 모양새는 닮아 있어도 연기를 빨아들이고 불 조절이 가능하도록 설계가 된, 한 차원 업그레이

드 된 신식 테이블이다.

메뉴판에는 양, 곱창, 대창, 막창, 차돌백이가 적혀 있지만, 양과 곱창을 시키는 것이 경제적이다. 양을 주문하면 염통과 막창이 써비스로 딸려 나오고 곱창을 주문하면 통통한 대창을 덤으로 주기 때문이다.

일단 1인분씩 주문을 하고 나면 신속하게 밑반찬이 깔리는데 하나하나 손맛이 매섭다. 살얼음이 깔려있는 동치미 국물을 한 숟가락 뜨고 나면 정신이 바짝 든다. 한가득 들어 있는 무는 시원하다 못해 이가 시릴 정도다. 개운해진 혀 위로 처녑이나 생간을 살짝 올려본다. 생간은 흐드러지듯 녹아버리고 처녑은 쫄깃하게 씹히는데 손질 상태가 아주 좋다.

뜨근한 기운에 놀라 돌아보니 참숯으로 불을 지핀 화로가 드럼통 위로 날라진다. 참숯은 화력이 좋을뿐더러 향이 좋아 재료의 맛을 배가시키는 역할을 한다.

참숯을 보고 놀란 가슴에 쐐기를 박는 것은 다름 아닌 양과 염통, 그리고 막창이다. 불판을 다 덮어버

오랜만에 만난 친구들과 함께 정담 나누기, 해장하기

기와집양곱창센터

시내에서 좀 떨어져 있다는
사실만 빼고는 모든 것이 만
족스러운 양곱창구이 전문점

릴 정도로 커다란 이녀석들이 입을 벌어
지게 만든다.

지글지글 거리며 익는 모습을 보고
있노라면 입 안에 침이 가득 고인다.
양념이 되어 있지 않은 양을 구우면
조개 관자처럼 결이 생기고 쫄깃
하게 씹히며 보드랍게 살이 풀어
진다.

새콤하게 퍼지는 양념장이 잘 어울려 쉴 새 없
이 손을 움직이게 된다. 오래 구우면 질겨지는 까닭도 있지만 불판
에 올려 놓기 무섭게 없어지기 때문이다.

써비스로 나온 것임에도 웬만한 집의 1인분에 가까운 염통은 훨씬
향이 강한데 씹는 맛 하나는 그만이다. 꼬리한 뒷맛 때문에 팬들이
많지는 않지만 한 번 맛을 들이면 쉽게 유혹을 끊기 어렵다. 양에 비
해 오래 구워야 제 맛이 나는 막창 역시 쫄깃거리는 씹힘이 좋다.

이 집의 별미 중 별미는 대접으로 내오는 상추 파 무침. 싱싱한 야
채의 아삭거림이 특별하고 매콤한 양념장이 느끼해지기 쉬운 입맛
에 청량감을 더 해준다. 몇 대접을 시켜 먹어도 싫은 내색이 없어
편하다.

눈 깜짝할 사이에 불판의 양과 염통을 다 비웠다면 이제는 곱창
과 대창 차례. 말끔하게 손질을 마친 곱창은 보기에도 싱싱한 선홍

빛을 띤다. 역시 인심이 좋아 양이 푸짐하다. 이래도 남나 싶으리만 큼 퍼주고 또 퍼준다. 곱창은 손질도 손질이지만 굽는데 더 신경을 써야 한다. 조심스럽게 구워야 곱창의 제 맛을 느낄 수 있는데 뒤집 는 사이에 곱이 흐르면 고소함이 도망을 가버리고 만다. 그래서 곱 창의 진정한 맛을 즐기려면 곱 관리에 각별한 신경을 써야 한다.

한두 점 먹다보면 불판이 비기 시작하고 그만큼 아쉬움은 커져만 간다. 아껴두었던 대창마저 다 먹고 나면 허무해지는 것이 사실이 지만 그래도 멸치국수가 버티고 있어 안심이다.

메뉴에는 잔치국수라고 표기되어 있지만 애써서 멸치국수라고 우기고 싶을 만큼 멸치의 향이 짙게 묻어난다. 일반 고기집의 소면 처럼 육수에 국수를 말아주는 것이 아니고 처음부터 국수와 함께 끓여 내오는데 국물이 진득해서 남아 있는 입 안의 기름기를 말끔 히 가셔 준다.

MENU

양 14,000원   막창 11,000원   차돌박이 10,000원

INFORMATION

· 전화번호 : 02 - 431 - 2329   · 영업시간 : PM 12:00 ~ PM 10:50
· 위   치 : 송파구 오금동 오륜삼거리 거여초등학교 옆
· 주   차 : 가능

오랜만에 만난 친구 들과 함께 정담 나누기, 해장하기

50 연지얼큰동태국 

점심엔 동태국, 저녁엔 소주 안주 삼아 동태찌개

명태가 마르면 북어가 되고, 명태를 얼리면 동태가 된다. 자잘한 명태 새끼를 말리면 노가리가 되고, 조금 덜 말려 꾸득꾸득해진 것은 코다리인데 조려 먹으면 맛이 그만이다.

그러나 이보다 더 입맛을 동하게 하는 한 겨울 최고의 찬거리는 동태찌개다. 입 안 하나 가득 퍼지던 두툼한 생선살의 달콤함과 알알이 흩어지던 동태알의 그 고소함은 도저히 잊을 수 없는 맛에 대한 기억이다.

종로 5가 보령약국을 끼고 옆 골목으로 서른 걸음 남짓 걷다보면 좁은 골목 안이 동태찌개 냄새로 진동을 한다. 가게 출입문보다 더 큰 간판이 골목 어귀에 걸려 있어 찾는데 큰 어려움은 없다.

70년대 대폿집을 연상시키는 분위기에 걸맞게 손님들의 연령이 비교적 높은 편이다. 공간에 비해 테이블의 수가 많아 좌석간 거리가 무척 좁다.

메뉴판에 적혀 있는 내용은 간단하다. 동태국, 동태찌개 달랑 두 가지이다. 점심엔 동태국을 찾고 저녁엔 소주 안주 삼아 동태찌개를 많이 주문한다.

주문한 동태국이 나오면 시뻘건 국물의 섬뜩함에 한 번 놀라고 넘치도록 퍼주는 건더기에 두 번 놀란다. 미리 끓여 놓는 조리 방법이 색은 진하고 맛은 더 깊게 만들어 준다. 위가 좋지 않은 분들도 크게 염려할 필요는 없다. 겉모양만큼 맛이 날카롭지는 않기 때문이다.

뭐니뭐니해도 이 집 동태국의 매력은 건더기에 있다. 1,500원을 더 주고 '특동태국'을 주문하면 생선 내장(애)을 한 주먹 더 넣어 주는데 질릴 정도로 양이 많다.

후후 불어 국물을 한 숟가락 넘기면 시원함에 정신이 번쩍 든다. 이내 콧등 위로 송글송글 땀이 맺힌다. 동태는 두 덩어리가 기본이고 나머지는 애가 자리차지를 하고 있다. 보드랍게 씹히는 탄력이 좋고 고소함이 혀에 척척 감긴다. 어찌나 단맛이 좋은지 수저를 든 손이

오랜만에 만난 친구들과 함께 정담 나누기, 해장하기

무척 바빠진다.

시원한 국물을 만들어 내는 일등 공신은 푹 끓인 무다. 물러질 정도는 아니지만 폭폭하게 삶아진 무의 개운함이 내장의 기름기를 가셔준다.

또 하나의 메뉴인 동태찌개는 소주 안주용으로 딱이다. 가스버너에 냄비를 앉히고 끓여주는 찌개는 동태국과 맛이 크게 다르지 않지만 국에 들어가지 않는 곤이가 추가된다.

다 먹고 난 냄비에 밥을 볶아주는데 이것 또한 놓치기 아까운 별미다.

연지얼큰동태국

언제나 남길 만큼 푸짐하게 퍼주는 아주머니의 인심과 보드랍게 씹히는 동태살의 탄력과 고소함이 마음을 나 를잡는 집

MENU

동 태 국	4,500원	동태찌개 (소)	10,000원
특동태국	6,000원	동태찌개 (중)	15,000원
내장추가	10,000원	동태찌개 (대)	20,000원

INFORMATION

· 전화번호 : 02 - 763 - 9397   · 영업시간 : AM 11:00 ~ PM 10:00
· 위   치 : 종로 5가, 보령약국 뒤편
· 주   차 : 공용주차장 이용

51 순라길

징하디 징한 전라도의 숨결을
느껴 보세요

　홍어에 대한 첫 기억은 군 시절로 돌아간다. 첫 면회를 오신 아버지가 자장면을 먹고 싶다는 아들의 간절한 의사를 무시한 채 차를 몰아 끌고 간 곳은 전라북도 이리였다. 홍어를 아주 잘하는 집이 있는데 맛을 보면 기절할 것이라는 은근한 자랑에 어머니와 나는 서로 얼굴만 빤히 쳐다보았다.

　심상치 않은 기운을 감지한 것은 얼마 지나지 않아서였다. 이리 시내 중심가를 살짝 벗어나 뒷골목에 들어서자 어디선가 퀴퀴한 냄새가 풍겨 오는데 코를 자극하는 정도가 보통이 아니었다. 가게에 들어서자 재래식 화장실에서나 맡아 봄직한 쿠린내가 진동을 하며 머리를 띵하게 했다.

　회와 찜 거기에 홍어탕까지 주문을 한 아버지는 소풍가기 전날

밤의 초등학생마냥 들떠서 홍어에 대한 이런저런 이야기를 털어 놓으시는데 오로지 자장면 생각뿐인 육군 일병은 도무지 집중이 되지 않았다.

접시에 담긴 홍어회를 반강제적으로 물려 주신 아버지는 아들의 반응을 살피기는커녕 입으로 회를 옮기시는데 정신이 없으셨다.

맹렬한 암모니아 냄새가 스멀스멀 꿈틀대는 홍어회는 입천장을 홀랑 벗겨 놓았다. 게다가 홍어회의 뒷맛이 채 가시기도 전에 반강제로 떠 먹여진 홍어탕 한 숟가락에 하마터면 아침에 먹은 '짬밥'까지 다 토해낼 뻔했다.

결국 역한 분위기에 치여 어머니와 나는 인상을 찌푸리고 깨작거렸지만 아버지는 콧잔등에 땀이 송글송글 맺힌 채 홍어찜에 탕까지 포식을 하셨다. 이런 처참한 기억을 가진 내가 홍어와 친해질 수 있었던 것은 순전히 막걸리 덕이다.

딴에는 열혈 민주투사라고 서울의 도심을 헤집고 다니던 80년대 중반 하루 종일 흘린 땀을 보충하기 위해, 그리고 목과 코를 막고 있는 사

과탄과 최루탄을 씻어 내리기 위해 학
사주점에서 막걸리를 짝으로 마셔댔
다. 속 버린다며 주인 아주머니가
한 덩어리 내주신 홍어찜을 맛 본
이후로 홍어의 매력에 흠뻑 빠져
들게 되었다.

날이 꾸리하거나 스산해지면
비원 앞의 순라길을 찾는다. 길 이름과 같
은 상호를 쓰는 홍어전문점 순라길은 운치있는 길의 분위기
와 제법 어울린다.

메뉴판에는 적혀 있지 않지만 홍어의 백미라고 불리는 삼합을 주
문한다. 시뻘건 색깔이 보기만 해도 군침이 도는 배추김치와 핑크
빛 홍어회 그리고 반지르르한 기름이 맛깔스러워 보이는 도톰한 돼
지고기가 한꺼번에 오른다.

연골이 촘촘히 박힌 홍어회를 한 점 입에 넣으니 살캉살캉 쫄깃
거리면서 씹히는데 시간이 지날수록 특유의 향취가 밀고 올라온다.

수천 포기씩 담궈 땅에 묻어놓은 묵은 김치 위에 소금을 살짝 찍
은 돼지고기를 한 점 올리고 마지막으로 홍어 한 점을 곁들여 입에
넣으면 절로 탄성이 나온다.

그다지 묵직하지는 않지만 묵은 지의 칼칼함이 아삭하게 퍼지고
나면 돼지고기의 담백함이 뒤를 따른다. 홍어는 끝까지 숨어 있다가

오랜만에 만난 친구들과 함께 정담 나누기, 해장하기

앞의 두 가지 맛이 숨을 죽이면 고개를 바짝 쳐들고 힘자랑을 한다.

결국 마지막에는 세 가지 모두를 씹고 있지만 홍어회 맛밖에 느껴지지 않는다. 묵직한 살코기의 두툼함 때문에 입에 넣고 오래도록 씹으면 턱이 당긴다.

찜을 먹을 줄 알아야 어디 가서 홍어 좀 한다?는 소리를 할 수 있는 데 발효된 홍어를 다시 한 번 뜨겁게 쪄 내는 까닭에 초보자들은 감히 도전하기 어렵다.

젓가락을 들어 결대로 늘어 선 홍어찜의 가닥을 잡고 입 근처로 가져가는데 입보다는 코가 먼저 알아차린다. 그대로 입에 넣으면 콧바람이 터지면서 거친 기침이 튀어나온다. 드센 자극으로 무장한 맛과 향의 거친 협공은 헤비급 펀치처럼 단순하고 간결하다. 순간적으로 가격당한 혀가 오그라들며 정신이 얼얼해지면 '헉' 하는 신음을 마지막으로 입전체가 마비되고 눈물이 찔끔 난다.

찜은 삼키고 난 후에도 퀴퀴한 향이 거슬러 오르며 코를 찌르고 머리를 띵하게 만드는데 희한한 것은 그토록 강렬했던 자극이 어느 정도 가시고 나면 젓가락이 또다시 홍어찜 쪽으로 향하고 있다는 사실이다. 이 자극에 익숙해지기 시작하면 회나 삼합이 시시하게 느껴지는 것이 당연하다.

회를 먹을 때는 느끼지 못했던 막걸리에 대한 욕구가 치밀어 오른다. 되직하면서 걸쭉한 막걸리는 아니지만 경쾌한 느낌이 살아있고 홍어가 쓸고 간 자리를 보듬어 입 안을 부드럽게 돌리기에는 충분하다.

　삼합이나 찜을 먹다보면 국물이 당기는 데 이 집에서는 홍어탕이 이런 갈증을 풀어준다. 어린 보릿대와 미나리를 넣고 직접 담근 된장을 풀어 민물매운탕처럼 끓여주는 홍어탕은 국물 곳곳에 함정 같은 맹렬함이 숨어있다.

　그렇지 않아도 독한 홍어를 자극적인 양념들과 곁들여 거기다 펄펄 끓여서 내주니 한 숟가락만 떠먹어도 거친 숨을 몰아쉬게 된다. 탕을 끓일 때는 삭히지 않은 것과 완전히 삭힌 것을 반반씩 섞어서 끓여달라고 해야 진미를 맛 볼 수 있다. 살도 살이지만 거무튀튀한 초콜릿색의 애(간)는 혀에 올리는 순간 매끄럽게 녹아버린다.

　순라길은 고집스럽게 자신만의 노하우를 지키며 오늘도 홍어맛에 반한 손님들을 반기고 있다.

MENU

홍어회 (소)　50,000원	홍어찜 (소)　45,000원	홍어탕 (소)　40,000원
홍어회 (대)　55,000원	홍어찜 (대)　50,000원	홍어탕 (대)　45,000원
공 기 밥　1,000원		

INFORMATION

· 전화번호 : 02 - 3672 - 5513　　· 영업시간 : PM 12:00 ~ PM 10:00
· 위　　치 : 비원 건너편 오일뱅크 주유소와 쌍용자동차 골목 안으로
　　　　　　직진하다 막힌 길이 나오면 좌회전하여, 50m쯤
· 주　　차 : 불가능

오랜만에 만난 친구들과 함께 정담 나누기, 해장하기

생일파티 · 기념일 등을 위한
특별코스

Part 7

- 진사댁
- 나무와 벽돌
- 놀부유황오리진흙구이
- 바닷가재가리비집
- 스시노미찌
- 샤르르샤브샤브
- 애비뉴원
- 구보다스시

52 진사댁

2만원으로 즐기는 한낮의 여유

가끔 귀한 손님들을 모시고 식사를 해야 하는 일이 발생하면 머리가 복잡해진다. 이럴 때마다 늘 고민하는 것이 분위기와 가격이다.

긴밀한 이야기를 나누어야 하는데 주변에 사람들이 번잡하면 그리로 신경이 쓰여 방해가 된다. 그래서 눈을 씻고 찾게 되는 것이 '방' 이다. 중국집에도 있고 일식집에도 있지만 고즈넉한 분위기의 한옥이라면 금상첨화다.

두 번째 고려의 대상은 가격이다. 아무리 분위기도 좋지만 1인분에 10여만 원씩 하는 집에서 식사를 하게 되면 대접하는 사람이나 받는 사람이나 부담스럽기 때문에 적당한 가격대를 찾아야 한다.

상황이 이 즈음에 이르면 주저하지 않고 '진사댁' 에 전화를 걸어 예약을 한다.

장안에서는 유일무이하게 갈치, 고등어 등 제주해산물을 중심으

로 떡 벌어지게 한 상 차려내는 고풍스러운 한정식 집이어서 모시
는 손님들이 대부분은 흡족해 한다.

　가게의 겉모양새부터 심상치가 않다. 오래된 한옥을 식당으로 개
조한 덕에 대문을 열고 들어서면 널찍한 대청마루가 손님을 맞는다.

　인테리어로 장식한 골동품들에 눈을 빼앗겨 이리저리 시선을 옮
기다보면 어느새 미역국이 한 사발 상 위에 올라있다. 회를 뜨고 남
은 갈치 뼈를 우려 국물을 낸 미역국은 육지에서는 먹기 힘든 제주
의 향을 고스란히 담고 있다.

　시원스레 입 안을 환기시키고 나면 갈치, 고등어, 방어회가 한 접
시 뒤를 잇는다. 한정식 집이라고는 하지만 '제주물항' 에서 운영하
는 곳이라 횟감이 유난히 싱싱하다.

　뼈는 물론이고 군데군데 박혀있는 작은 힘줄까지 제거한 하얀 속
살의 갈치는 쫄깃하게 씹힌다. 벌건 살이 탐스러운 고등어회는 보
드라운 기름기가
적당해 양념장을
찍어 입에 넣는 순
간 녹아버린다. 방
어도 탱탱한 육질
을 자랑한다.

　회를 마치고 나
면 각종 요리들이

생일파티 · 기념일 등을 위한 특별코스

진사댁

갈치, 고등어 등 제주해산물을 중심으로 떡 벌어지게 한 상 차려내는 고풍스러운 한정식 집

줄지어 서빙된다. 미디움으로 조리한 로스 편채는 야채와의 어울림이 좋고 바삭하게 구워진 녹두전은 입 안을 돌아다니며 혀를 즐겁게 한다.

대관령에서 겨울을 지낸 황태구이는 양념 맛이 뛰어나 젓가락질을 바쁘게 하고, 삭힌 홍어와 돼지고기 수육 그리고 묵은지로 맛의 조화를 이루는 '삼합'의 쿰쿰하면서도 고소한 뒷맛은 전문점에 버금가는 힘을 느끼게 한다.

더해지는 새콤달콤한 홍어회 무침에 취할 즈음 별미 중의 별미인 갈치조림과 고등어구이가 상 위에 자리를 잡는다. 살집 좋은 갈치를 무와 함께 조려 큼직한 접시에 담아내는 갈치조림은 깊숙이 간이 밴 갈치와 무의 칼칼한 고소함 때문에 저절로 밥이 줄어든다. 갈치 살을 발라 밥에 얹어 먹어도 좋지만 조림국물에 석석 비벼 먹어야 제 맛을 느낄 수 있는데, 식도락가라면 절대 놓치지 않는 것이 조림 속에 자리 잡고 있는 몰캉몰캉한 무다.

정신을 놓고 갈치조림에 탐닉하다보면 노릇하게 구워진 고등어구이와 속이 꽉 찬 간장게장을 놓치기 쉬운데 밥을 추가해서라도 꼭 먹어보아야 할 진미임을 강조하고 싶다.

게장 맛에 반해 이 집을 찾는 손님이 있을 정도이니 미안스럽더

라도 한 접시 추가해서 먹어야 후회가 없다. 잘라진 게장을 들어 입에 넣으면 몽글몽글한 속살이 주르륵 혀를 타고 흘러내리고, 짭쪼름한 간장이 껍질 깊숙이에서 배어나온다.

구수한 누룽지와 된장찌개까지 싹싹 비우고 나면 그 자리에 누워 잠을 청하고 싶을 정도로 나른해진다. 군데군데 보이는 외국인 손님들은 양반다리로 위태롭게 앉아 젓가락과 씨름을 하기 일쑤지만 우리의 맛에 매료되어 행복한 얼굴로 불편함을 감내한다.

MENU

한정식 ; 점심 25,000원   저녁 38,000원 / 50,000원

INFORMATION

· 전화번호 : 02 - 715 - 9605
· 영업시간 : PM 12:00 ~ PM 2:00 / PM 6:00 ~ PM 10:30
· 위   치 : 마포구 용강동 마포주차장 건너편 조박집 골목 안
· 주   차 : 마포주차장 (2시간 가능)

생일파티·기념일 등을 위한 특별코스

53 나무와 벽돌

7000원 + 5000원 +
10000원 +3000원 + 6000원 = 18700원!

　나무와 벽돌은 낭만과 편안함을 제공하는 낙원 같은 휴식처다. 하늘이 뻥 뚫린 'ㄷ자' 형 유리 건물은 초현대적 감각을 유지하면서도 한 구석에 야생화가 자랄 수 있는 정원 공간을 배치하고 있어 아늑함이 녹아난다.

　유리문을 열고 들어서면 제일 먼저 반기는 것이 고소한 빵 냄새다. 오븐에서 직접 구워내는 빵이 쇼윈도에 가득한데, 향기가 아니었다면 인테리어 소품으로 착각을 일으킬만한 프리젠테이션이다.

　1층에 전진 배치되어 있는 '델리 코너', '오픈 주방'과 함께 유난히 눈길을 잡아끄는 것이 '노출 콘크리트로 마감된 벽면'이다. 높은 천정과 무채색의 벽면 덕에 실내를 장식한 예술작품들이 더욱 도드라진다.

김창열, 박서보, 김점선 등의 한국 작가와 BERNARD BUFFET, KAREL APPEL 같은 외국작가의 작품들이 시선을 맞추며 벽에 기대어 서 있다.

계단을 오르며 서서히 벗겨지는 2층 공간은 고즈넉하고 한가롭다. 어두운 것이 싫어 낮에만 나무와 벽돌을 찾다보니 구석자리와 세트 B는 늘 내 차지다.

글의 서두에 적혀 있는 엉뚱한 계산에 우스꽝스러운 표정을 지으시는 분들도 계시겠지만 산술적 합과 맨 마지막에 나온 답의 차이가 오늘 덤으로 주어지는 식사 뒤의 만족이다.

7,000원은 안티파스티(ANTIPASTI), 즉 샐러드의 한 접시 가격이고, 그 뒤의 5,000원은 스프의 단가다. 불룩 솟아 있는 10,000원은 파스타 1인분의 책정가이고, 3,000원은 단품으로 시킬 때보다 정확히 반만큼만 나오는 치즈케이크 그리고 마지막의 6,000원은 식사의 대미를 장식하는 커피나 홍차 한 잔의 값이다.

매끄럽게 이어지는 이 코스를 점심시간이라는 핑계로 17,000원에 내주는데 다행스

생일파티 · 기념일 등을 위한 특별코스

나무와 벽돌

좋은 식당이란 그 곳만의 독특한 문화의 멋과 깊이, 잘 익은 세월의 무게가 음식은 물론 모든 분위기에서 묻어나는 곳이어야 한다고 생각하는 나무와 벽돌

럽게도 손님들 덜 미안하라고 1,700원이 세금으로 붙어준다.

계산에는 포함되어 있지 않은 녀석이 직접 구운 빵 조각인데 포슬포슬한 속살과 질감이 다른 바삭한 껍질이 식사 내내 곁을 지켜주며 스프며 파스타소스에 제 몸을 던진다.

세트에 포함된 안티파스티는 로메인 로터스가 가지런히 누워있는 '시저샐러드' 다. 아삭거리는 로메인 로터스의 쌉쌀함과 드레싱의 시큼함, 그 뒤를 감싸는 크루통 (식빵을 작게 잘라 구워낸 것)의 바삭한 고소함, 그리고 베이컨의 짭짤함이 잠자고 있던 혀의 신경들을 동시에 깨운다.

접시가 바뀌면 2막은 호박스프가 주도를 한다. 입자가 곱고 밀도가 높아 걸쭉하게 흐르는 노란색의 스프는 이유식처럼 보드랍게 혀를 감친다. 입 안 전체가 코팅이 되는 느낌이 들 정도로 점도가 좋다. 3분의 1 쯤 남겨서 빵을 적시면 촉촉하게 하느작거린다. 혀에 올려놓는 순간 사라져버리는 기분 좋은 경험은 쉬 잊혀지지 않는다.

홍합이며 조개가 듬뿍 올려진 해산물 스파게티는 보기만 해도 배가 불러온다. 열기가 오른 후라이팬 위에서 춤을 춘 탓에 오징어들은 여기저기 누렇게 덴 자국을 보인다. 물론 시각적인 오해에서 기

인한 결과이겠지만 훨씬 고소하게 느껴지는 것은 피할 수 없다.

기본으로 준비된 '토마토소스의 스파게티'가 싫다면 조용히 눈길을 보내 손짓을 하고 크림소스로 바꾸어 달라고 하면 된다.

달콤함을 내세우며 뒤를 따르는 슈폰이나 슈프로마쥬는 입에 넣음과 동시에 녹아버린다. 커피나 홍차로 느끼해진 입 안을 정리하고 나면 모든 코스가 마무리된다.

코트를 들고 들어왔던 길을 다시 돌아 내려가며 작품들에 눈길도 던지고 쌓여 있는 와인 병을 들어 라벨도 확인해 본다. 시간에 쫓기는 약속이 있는데도 여유를 부리는 이유를 나무와 벽돌의 주인장은 이미 알고 있는 모양이다.

MENU

파 스 타	13,000원 ~ 17,000원	세트 A ~ C	27,000원 ~ 54,000원
스테이크	28,000원 ~ 32,000원	점 심 세 트	12,000원 ~ 27,000원

INFORMATION

· 전화번호 ： 02 - 322 - 1162　　· 영업시간 ： PM 12:00 ~ PM 10:30
· 위　　　치 ： 6호선 상수역 1번 출구, 합정동방향 100m 직진, 주차장골목
　　　　　　　오른쪽 100m쯤 걷다 보면 오른쪽
· 주　　　차 ： 가능

생일파티 · 기념일 등을 위한 특별코스

54 놀부유황오리 진흙구이

짠돌이 놀부가 선보이는 유황먹인 오리

전 세계에서 먹거리에 대한 유행의 변화가 가장 심한 곳이 바로 대한민국이다. 퓨전이 휘몰고 간 자리를 이탈리안 푸드가 대신하고 프랑스 정찬이 인기몰이를 하는가 싶으면 스시나 돈까스가 고개를 든다.

이런 부침이 반복될 때마다 음식점들의 희비가 교차하는데 예상 치도 않던 음식이 히트를 치고 장수를 하는, 의외의 상황들도 발생 한다. 오리 요리의 경우가 그 좋은 예다.

가장 먼저 오리탕과 전골이 유원지와 국도변을 중심으로 세력권 을 넓히더니 차츰 도심으로 진로를 바꾸었고, 황토오리, 뱀오리, 유 황오리 등 각양각색의 오리요리들이 거리의 간판들을 바꿔 놓았다.

때마침 초유의 시청율을 기록한 드라마 '대장금'에서 한상궁이 중종에게 유황오리를 진상하는 장면이 나온 이후에는 만루홈런까지 치는가 싶더니 안타깝게도 조류독감이란 치명타를 맞은 이후 손님들이 많이 줄어들었다. 그러나 불과 몇 개월 전 까지만 해도 장안의 유명 오리집들은 예약 없이는 출입할 엄두도 내지 못할 만큼 성황이었다.

오리는 닭보다 육질이 질겨 조리에 많은 신경을 써야 하는데 특유의 누린내를 없애는 것은 이만저만 힘든 일이 아니다. 일반적으로 한약재를 넣거나 마늘이며 생강 등 향이 강한 재료들을 곁들여 조리하는 것이 상식이지만, 황토나 유황 등 특이한 재료를 먹여 아예 체질을 바꾸어 놓는 경우도 있다.

제대로 요리된 오리고기는 육질이 퍽퍽하지 않고 기름기가 적당해 남녀노소 누구나 좋아하기 마련인데 오리 요리를 한 단계 업그레이드시킨 장본인이 바로 짠돌이 '놀부' 다. 흥부네 형님 놀부가 아니고 '놀부유황오리진흙구이' 말이다.

놀부네는 반드시 예약을 해야 하는데, 그 이유는 밀려드는 손님 때문만은 아니다. 주문을 받고 오리 요리를 만드는데 소요되는 시간이 무

려 3시간! 특수 제작된 토기에 오리 한 마리를 통째로 넣고 고온에서 골고루 구워 손님상에 내놓는다.

쟁반만큼 커다란 그릇에 올려 내오는 유황오리는 껍질이 짙은 캬라멜 색을 띄고 있는데 마치 전기구이 통닭마냥 기름기가 좔좔 흐른다.

서빙하는 아가씨는 접시를 살짝 내려 놓고는 고개를 약간 끄덕여 주의를 집중시킨 뒤 이내 능숙한 솜씨로 오리를 해체한다. 큼직한 뼈들을 한 쪽으로 발라내면서 살들을 모아주고, 오리의 속을 채우고 있던 온갖 재료들을 보기 좋게 펼쳐준다. 기름기가 배어들어 촉촉해진 오리의 속은 인삼, 당귀, 무화과, 단호박 등의 값비싼 재료들로 그득하다.

가금류의 부위 중 최고의 진미로 꼽히는 껍질은 크래커처럼 바삭거리며 입 안을 희롱한다. 기름기가 쪽 빠진 상태지만 씹으면 씹을수록 고소하다.

토기에서 구운 오리는 살이 유난히 부드러워 젓가락으로 집으면 흐느적거릴 정도다. 미끄러지듯 입 속으로 빨려 들어가 말랑말랑 녹아버리는 육질은 마치 카스테라처럼 입자가 곱다.

고기는 겨자소스와 잘 어울린다. 새콤한 소스에 곁들이는 담백한 오리구이의 맛이 각별해서 먹어도 먹어도 질리지 않는다.

뱃속을 채우고 있는 또 하나의 별미는 흑미와 서리태를 넣어 익힌 밥인데 오리에서 흘러나온 기름이 스며들어 반짝반짝 윤을 낸다. 소금을 살짝 찍어야 제 맛이 나는데 씹을 때마다 이에 쩍쩍 들러 붙으며 맛있는 소리를 낸다. 삼계탕 속의 영계 배 안에 철썩 들러붙어 있는 찹쌀밥처럼 차지고 야들거린다.

오리전문점이지만 국수와 죽이 준비되어 있어 식사 걱정을 따로 할 필요가 없다. 두 가지 메뉴 모두 자극적이지 않고 은은한 맛이 자랑이지만 한 마리 기준으로 네 그릇 이상은 써비스가 되지 않는 것이 조금 야속하다.

오리 고기를 빙 둘러 깔아주는 밑반찬들도 만만치 않은 손맛을 보여준다. 우리 전통의 멋을 살린 인테리어도 편안하고, 세심한 써비스도 만족스러워 가족 외식이나 손님 접대에 안성맞춤이다.

MENU

유황오리 45,000원 (월-토 점심; 42,000원, 포장; 40,000원)

INFORMATION

· 전화번호 : 02 - 425 - 5292   · 영업시간 : PM 12:00 ~ PM 10:00
· 위　　치 : 잠실 본동 아시아 선수촌 아파트 후문 앞
· 주　　차 : 가능

생일파티 · 기념일 등을 위한 특별코스

55 바닷가재가리비집

바닷가재와 200g의 비밀

지금의 바닷가재가리비집 빌딩이 들어서 있는 자리는 예전에는 다 쓰러져가는 동네 대폿집 행색이었다. 울퉁불퉁한 바닥에 다 부서진 탁자와 삐걱거리는 의자 그리고 녹슨 브루스타가 인테리어의 전부였지만 유난히 수족관만은 반짝이고 있었다. 그리고 그 안에 하나 가득 들어있는 바닷가재와 가리비들이 눈을 휘둥그러지게 만들었다.

느긋하게 수족관 바닥을 기는 녀석들은 바닷가재였고 켜켜이 쌓여 있는 납작한 조개들은 '양귀비의 혀' 라고 불리는 가리비가 틀림없었다. 꿈틀대며 살아 움직이는 모습이 어찌나 싱싱해 보이던지 가게 분위기나 허름함 따위는 잊어버리고 바닷가재의 살을 파고 또 파먹었다.

그 후로도 몇 번을 더 찾으며 웃음소리가 호탕한 주인아주머니와

'이모 조카' 하는 사이가 되었고 내가 아는 거의 모든 사람들을 데리고 가 바닷가재의 참맛을 보여 주었다.

바닷가재 가리비집은 주문이 곧 흥정이다. 한 마리씩을 기준으로 파는데 무게는 대략 1~2kg 정도이고 가끔 3kg에 육박하는 녀석들이 들어와 군침을 흘리게 만든다.

1kg에 6만원을 받으니 부담스럽기 마련이지만 속도 덜 찬 가재들을 그라탕이다 버터구이다 해서 내놓는 어설픈 집들에 비하면 무지하게 저렴한 편이다. 1인분에 600g 정도면 충분한데 계산을 생각해서 500g으로 정리를 하고 시키면 별 무리가 없다.

흥정이 끝나면 수족관에서 가재를 한 마리 꺼내와 일일이 손님들에게 확인을 시킨다. 10년 넘게 하는 일이라 눈대중이 벗어나는 적은 거의 없다. 수족관 바로 밑에 마련한 전자저울에 가재를 달아보면 거의 무게가 들어맞는다.

고춧가루가 듬뿍 들어갔는데도 시원한 맛을 뽐내는 콩나물국을 마시다보면 머리를 제외한 몸통과 꼬리를 접시에 담아 내온다.

생일파티·기념일 등을 위한 특별코스

발랑 누워있는 가재의 배 껍질을 제치면 탐스러운 살집이 광택을 내는 회가 가득 차 있다. 옅은 핑크빛이 도는 가재의 속살은 졸깃한 탄력으로 혀를 즐겁게 한다. 고급 일식집에서 서너 점 곁들임으로 내주던 것과는 비교가 되지 않을 만큼 푸짐하고 싱싱하다. 고추냉이를 푼 간장에 살짝 찍어 입에 넣으면 살포시 씹히며 달큰한 육즙을 내뿜는다.

야들야들한 살을 다 비우면 접시를 주방으로 돌려보낸다. 머리와 함께 쩌달라는 암묵적인 약속이다.

기다리기가 지루하다면 이 집 또 하나의 명물인 가리비를 한 접시 시켜 맛을 보는 것도 좋다. 뚜껑만 살짝 걷어 내고 마늘과 풋고추를 올린 가리비에 초고추장을 살짝 치고 껍질 채 들어 입 속으로 밀어 넣는다. 후루룩 소리를 내며 흥건한 단물을 뿜어대는 가리비는 살결이 보드랍고 매끄럽다. 키조개의 관자처럼 결을 만들며 분해되는데 생으로 먹어도 전혀 비리지 않다.

가리비구이를 시켜 특수 제작된 불판 위에서 구워 먹으면 살이 좀더 탱탱해지지만 아무래도 맛은 회 쪽이 우세하다.

웃고 즐기는 사이, 쟁반만한 접시에 가재찜이 담겨 들어온다. 거무퇴퇴했던 가재의 껍질은 붉은 색으로 변했고 터질 듯한 살들이 밀려나와 있다. 어느새 등장한 가위손 아주머니가 뜨거운 가재를 먹기 좋게 해체해 준다.

머리 부분을 반으로 갈라 내장과 골을 꺼내고 망치만한 집게발을 박살내 속살을 발라준다. 남자들에게 좋다며 꼬리에서 나온 쥐꼬리만한 살을 기어이 먹여준다.

속살은 이미 회를 쳐서 다 먹은 것 같은데도 빵빵하게 부풀어 오른 몸통이 놀라울 따름이다. 아주머니 이야기로는 숨겨진 1인치란다. 다리 하나하나까지 잘근잘근 자르고 나면 가재의 형상은 온데간데없이 사라지고 살덩이들만 나뒹군다.

가재는 부위에 따라 맛의 차이가 크다. 꼬리는 하늘거리고, 관절 부위는 쫀득하며, 몸통은 보드랍고, 집게발은 탱탱하다. 그리고 가재의 진미라고 할 수 있는 푸릇한 색깔의 내장과 골은 숟가락으로 퍼 먹고 싶을 정도로 고소하다.

가재의 향미를 살리기에 고추냉이 간장은 자극이 세다. "빠다 주세요"라고 말하면 버터를 녹여다 주는데 물처럼 녹아내린 버터를 소스 삼아 살을 찍어 먹어야 제 맛을 느낄 수 있다. 물론 내장과 골을 비벼서 소스처럼 활용을 해도 별미다.

식사로는 가리비 칼국수가 마련되어 있는데 시원하고 개운한 국물이 마무리로 적당하다.

가족들에게 이 집 가재의 맛을 보게 하는 것은 일종의 모험이다.

생일파티 · 기념일 등을 위한 특별코스

처음에는 좋은 남편, 멋있는 아빠로 인정을 받겠지만 그 다음부터는 책갈피에 숨겨 놓은 비상금을 탈탈 털어야 하는 비극이 반드시 뒤따른다.

MENU

바닷가재 (1kg) 60,000원   가리비 (한 접시) 15,000원   가리비 칼국수   4,000원

INFORMATION

· 전화번호 : 02 - 843 - 3594   · 영업시간 : AM 11:00 ~ PM 11:00
· 위   치 : 여의도에서 대방 지하차도를 지나 직진을 하다가 대방동
　　　　　　해군회관 쪽으로 우회전한 후 첫 번째 신호등에서 유턴하고
　　　　　　직진하다가 제흥한의원이 나오면 우회전
· 주   차 : 가게 앞 1 ~ 2대 가능

회전초밥의 무한 미각!

　일본하면 가장 먼저 떠오르는 요리가 스시다. 전통이 살아 숨쉬는 일본 음식 문화의 최고봉이라는 평가를 받고 있지만 사실 스시의 역사는 200년도 채 되지 않는다.

　밥 위에 소금으로 절인 생선을 올리고 맷돌처럼 생긴 커다란 돌덩이로 눌러 놓았다가 발효시킨 후 먹던 것이 스시의 원형이다. 시금털털하게 씹히는 밥알과 생선의 조화가 섬사람들의 혼을 빼 놓고 말았다. 식초를 제조하는 기술이 보급되면서 발효기간이 단축되었고 틀을 만들어 밥과 생선을 재우는 방식도 오사카를 중심으로 발달되었다.

　요즈음처럼 손으로 밥알을 쥐어 뭉친 후 생선 따위를 올리는 초밥을 '니기리즈시' 라고 하는데 해안가에서 멀리 떨어진 지방까지 보급이 가능하게 된 것은 불과 50년이 채 되지 않는다. 재료와 모양이 다양한 만큼 즐길 수 있는 폭이 넓지만 비싼 것이 흠이라면 흠이다.

종주국 일본에서도 상황은 크게 다르지 않았는데 이것을 대중화시키는데 가장 큰 공헌을 한 것이 바로 '구르구르(회전)스시' 다. 비교적 저렴한 가격에 다양한 종류의 스시를 바로 먹을 수 있고 취향에 따라 골라 먹는 재미까지 느낄 수 있다는 장점 덕에 급속도로 섬 전체에 확산되었고 현해탄 건너 한반도까지 인기 몰이를 하게 되었다.

부담스럽지 않게 다가설 수 있는 회전초밥집이 우리 곁에 있다는 건 참 행복한 일이다.

문을 열고 들어선 스시노미찌의 첫인상은 고급스러움 그 자체이다. 주방을 차지하고 있는 회전대만 제외한다면 인테리어 수준이 고급 일식집에 버금간다.

첫눈에 들어오는 회전대는 이중으로 구성되어 있어 초밥의 배치가 넉넉하면서도 조화롭다. 아래층과 윗층의 배열을 달리 하는 까닭이다.

일반적으로 장국만 내오는 집들과는 달리 좌석마다 녹차를 즐길 수 있는 더운 물 꼭지

가 달려 있다. '스시의 참맛을 느끼려면 자주 입 안을 헹구어야 한다'는 원칙을 지키기 위한 배려이다.

스카우트 비용을 톡톡히 지불한 만큼 초밥을 쥐는 주방장의 실력이 믿음직스럽다.

초밥의 ABC라 할 수 있는 다마고야끼(계란초밥)의 색이 노릇노릇 시선을 잡아끈다. 크리미한 녹아내림이 입 안을 간드러지게 만든다. 크기가 만만치 않아 한 입에 밀어 넣기에는 역부족이다. 계란을 먼저 반쯤 베어 먹고 나머지를 밥과 함께 몰아 넣는다. 묵처럼 조각조각 나뒹구는 계란과 초밥의 어울림은 가히 환상적이다. 폭발하듯 무너져 내리는 밥에서는 단맛이 줄줄 흐른다.

계절의 별미로 꼽히는 '새조개초밥'은 턱 보기에도 살집이 만만치 않다. 손으로 초밥을 잡고 새조개의 부리 부위에 간장을 슬쩍 찍어 올린다. 입에 넣고 오물거리면 먼저 조갯살이 촉촉하게 씹히고 밥이 풀어진다. 미끈한 속살은 입 안을 돌아다니며 신경을 일으켜 세운다. 고급스러운 조개의 향연이 발을 동동 구르게 만든다.

찐 게의 살을 발라 밥 위에 올린 게살초밥은 풍만한 단맛을 제공한다. 빨간 속살의 사이사이로 터져 나오는 게의 세밀한 조직이 탄

생일파티·기념일 등을 위한 특별코스

성을 자아내게 한다. 게의 풍미는 처음부터 방정을 떨지 않는다. 인내심을 가지고 서너 번 입 안에서 굴리다보면 쥐도 새도 모르게 매끄러운 감촉과 특유의 단내를 털어 놓는다.

연어초밥은 모양새가 특이하다. 길쭉한 연어 살 위로 특제 소스와 채 썬 양파를 올려 함께 내 놓는다. 연어 특유의 느끼한 기름기는 막아주고 고소함만 남기는데 오묘한 조화에 이끌려 자꾸만 손이 간다.

'아지' 라 불리우는 전갱이는 맛내기가 까다로운 생선이다. 그래서 일본 본토에서는 계란초밥, 참치뱃살초밥, 전갱이초밥으로 초밥집의 실력을 평가한다. 전갱이초밥 한 알을 집어넣으면 순간적으로 신맛이 퍼지지만 눈 깜짝할 사이에 단맛으로 변해 부드럽게 혀를 감싼다. 씹을수록 고소해지는 전갱이의 살이 기특하기만 하다. 초절임을 한 노하우는 칭찬 받아 마땅한 내공을 보인다.

붉은 속살에 기막힌 마블링이 인상적인 참치뱃살 오도로는 세련된 기름기가 입 안을 가득 채운다. 쫄깃하게 씹히는 힘줄과 살살 녹는 뱃살이 무서우리만치 조화스럽다. 참치가 녹는건지 혀가 녹는건지 분간하기 힘들다.

튀김과 장국의 솜씨도 만만치 않다. 노르스름하게 튀겨진 통 새우나 고구마를 일단 맛보고 나면 다른 일식집의 튀김에 손을 대기 어려워진다. 바삭거림도 그렇거니와 속 재료가 토해내는 싱싱한 단맛은 잊으려 애를 써도 머리 속을 떠나지 않는다. 신선한 재료만으론 부족하다고 느끼는 주방장이 갖은 손맛을 더해 주기 때문이다.

기름기가 좔좔 흐르는 '메로구이'를 식사의 중반쯤 배치한다면 훌륭한 정찬이 될 것이다. 비싼 비용을 치뤄가면서도 1년에 서너 번씩은 주방장들을 일본 현지에 보내 연수를 시키는 까닭에 국내에 서는 보기 드물게 최신 스시 트렌드에 민감하고 정확하다.

MENU

1,300원짜리 흰색 접시부터 10,000원짜리 붉은 접시까지

INFORMATION

· 전화번호 : 02 - 2647 - 0011
· 영업시간 : AM 11:00 ~ PM 2:30 / PM 5:30 ~ PM 11:00
· 위　　치 : 목동 현대 백화점 옆 현대41 타워 1F
· 주　　차 : 가능

생일파티 · 기념일 등을 위한 특별코스

57 샤르르샤브샤브

살랑살랑 흔들어 샤르르 넘기는 맛

몽고인들이 전쟁터에서 해 먹던 간이식이라 해서 '징기스칸' 이라는 이름으로 불리기도 하는 샤브샤브는 오랜 시간이 흐른 후 일본인들에 의해 정식 요리로 자리 잡게 되었다.

'샤브샤브' 는 살랑살랑 흔드는 모양새란 의미로 조리 행위 그 자체를 요리의 명칭으로 사용하고 있다.

어떠한 재료로도 요리를 할 수 있고, 가공 과정이 단순해서 재료 본래의 맛을 가장 가깝게 즐길 수 있다. 그런 만큼 재료의 신선도가 맛을 좌우한다.

요즈음 웰빙이 새로운 트렌드로 떠오르면서, 단순한 조리방법 덕에 천연 상태에 가까운 맛과 영양을 유지할 수 있는 샤브샤브는 고단백, 저칼로리 식품으로 더욱 부각되고 있다.

서울에 거주하는 일본인들에게 이미 정평이 나 있는 광화문 '샤르르샤브샤브'의 명성을 삼성동에서도 만나볼 수 있다.

문을 열고 들어서면 가장 먼저 눈에 띄는 것이 테이블 위에 나란히 자리 잡고 있는 하얀색 전기 곤로다. 손님들이 각자 하나씩 잡고 조리할 수 있도록 1인용으로 준비되어 있다. 아기자기한 모양새가 재미있다.

다시마를 끓인 물에 먼저 만두를 넣어 끓이고, 불이 세게 오르면 야채와 고기를 넣어 먹는다. 배추며 쑥갓 같은 천편일률적인 야채가 아니라 놀랍다. 치커리, 겨자, 뉴그린, 노멘, 오크리프, 적겨자, 상추, 케일, 적근대, 당귀 등 전문 쌈밥집에서나 나옴직한 다양한 종류의 싱싱한 야채를 육수에 끓이다 보면 이내 향긋한 약초의 맛과 향이 국물에 배어 나온다.

이 국물에 고기를 살짝 익혀 먹으면 쌉쌀하면서도 세련된 향이 고급스러운 육질과 어울려 독특한 샤브샤브의 맛을 이끌어 낸다.

지방이 고르게 퍼진 소고기 등심도 1인분치고는 꽤 많은 양으로 주인의 후덕함을 알 수 있다.

샤브샤브는 고기를 오래 담궈 두

생일파티·기념일 등을 위한 특별코스

면 살이 퍽퍽해지고 맛을 잃는다. 그저 육수에 몇 번 흔든다는 기분으로 먹어야 제 맛을 느낄 수 있다.

다양한 종류의 야채와 함께 이 집의 또 다른 특색은 소스에 있다. 일반적으로 폰즈소스와 참깨소스가 제공되지만 이 집에선 특유의 한국식 매운 소스(?)를 곁들일 수 있다.

파, 마늘이 잔뜩 들어간 이 집의 소스는 자칫 밍밍해지기 쉬운 샤브샤브의 맛에 강한 자극을 더한다. 자극적인 소스 덕분에 고기며 야채가 더욱 고소하고 담백하게 느껴진다.

엄청난 양의 야채와 고기를 전부 뱃속으로 넘기고 나면 접시바닥에 숨어있던 국수를 발견하게 된다.

이쯤에서 배가 부르다는 이유로 국수를 포기하면 안된다. 고기와 야채를 우려낸 진국에 끓여 먹는 국수는 가히 샤브샤브의 대미라 할 수 있다. 육수에 넣고 끓인 국수가 다 익으면 일본식 소바처럼 소스에 찍어 먹는데 그 맛도 아주 색다르다.

국수마저 다 비우고 나면 남은 육수에 밥과 단호박을 넣고 바글바글 호박죽을 쑤어준다. 달지 않으면서 입 안을 알알이 돌아다니는 쫄깃한 밥알을 씹는 맛은 상상하기 힘들 정도로 고소하다.

소스며 조리방법은 본점과 같지만 고기며 야채의 질과 양이 한 수 앞선다.

MENU

샤브샤브 15,000원   해물샤브샤브 20,000원

INFORMATION

· 전화번호 : 02 - 557 - 7977   · 영업시간 : AM 10:00 ~ PM 10:00
· 위   치 : 삼성역과 선릉역 사이 전자랜드21 골목 안
· 주   차 : 가능

생일파티 · 기념일 등을 위한 특별코스

58 애비뉴원

**뉴요커다운 여유를 부리며
식사하고 싶을 때 'AVENUE 1'**

얼마 전까지 MBC에서 방영하던 '강호동의 천생연분'은 많은 스타들을 배출했다. 초반에는 무명이었던 연예계 신입생들이 하나 둘 자신의 개인기를 발휘하며 회를 거듭할수록 대중들 가까이 다가섰다.

그 중 가장 주목을 받은 사람은 바로 탤런트 이서진이었다. 잘 생긴 얼굴에 수려한 외모, 게다가 지적 능력까지 가세해서 쏟아져 나오는 명쾌한 답변들…. 프로그램에 등장한 여성 출연자들은 물론이고 TV를 시청하는 젊은 처자들의 가슴을 흔들어 놓기에 충분했다.

남자가 보기에도 이서진은 멋있다. MC를 비롯해 너나 할 것 없이 이서진을 지칭할 때는 서슴없이 '뉴요커 스타일'이라는 수식어를 쓴다. 신문에서도 방송에서도 이제는 이서진이 한국을 대표하는 '뉴요커 스타일'임을 인정하는 모양이다.

패션과 유행 심지어 전통을 말 할 때에도 가장 미국적인 냄새가 짙게 묻어나는 미 동부의 라이프스타일을 고스란히 안고 있는 뉴요커들은 그래서 사고방식이며 행동거지가 반듯하고 고급스럽다.

방금 감은 머리를 툭툭 털고 늘어진 스웨터에 청바지를 받쳐 입어도 허름하거나 어색하지 않은 그들이야말로 미국을 이끌어 나갈 차세대 리더인 셈이다.

'뉴요커들에게는 검정색이 어울린다' 는 어느 잡지사 패션 기자의 글을 읽은 기억이 있는데 꽤 날카롭고 관찰력있는 지적이다. 미국에서 본 뉴요커들은 패셔너블하면서도 상당히 실용적이다. 말끔한 정장 차림이지만 출퇴근길에는 편안한 스니커즈를 마다하지 않는다. 이들은 정갈한 이미지를 풍기지만 스스로는 최적의 편안함을 추구하는 그야말로 실용주의자들이다.

입는 것뿐만 아니라 먹는 것도 예외는 아니어서 남의 시선 따윈 아랑곳하지 않고 가장 느긋하고 편안한 식사를 즐긴다. 이들은 복잡하고 거추장스러운 분위기보다는 심플하고 경쾌한 요리와 음식을 좇아

생일파티 · 기념일 등을 위한 특별코스

애비뉴원

'아스파라거스와 등심스테이크' 그리고 '왕새우를 곁들인 연어스테이크'가 도시남녀의 입맛을 사로잡는다.

뉴욕의 뒷거리를 샅샅이 뒤진다.

우리의 도심 한 복판에도 뉴요커다운 여유를 부리며 한 끼의 식사나 커피를 즐길 수 있는 공간이 한 곳 있다. 바로 'AVENUE 1'

종로 교보빌딩 1층에 자리 잡고 있는 애비뉴원은 캐주얼 레스토랑이다. 천장이 높아서일까 시원한 공간배치가 조급함을 떨쳐주고 좌석 간 거리가 좁은데도 다른 테이블의 방해를 받지 않는다.

이 곳을 찾는 손님들 중에는 유난히 외국인들이 눈에 많이 띈다.

외국계 회사들과 주변 대사관에서 쏟아져 나오는 상당수가 이리로 발걸음을 옮기기 때문인데 비교적 저렴한 가격과 다양한 메뉴가 인기의 비결이다.

또 한 가지 특이한 점은 혼자 앉아 차를 마시거나 식사를 즐기는 사람들이 많다는 것이다. 한 손에는 신문이나 책을 들고 다른 한 손으로는 샌드위치나 파스타를 즐기는 모습을 쉽게 발견할 수 있다.

키시 스프와 파니니는 물론이고 볶음밥, 쌀국수 등 테이블 보 대신 활용하는 종이 메뉴판이 넘칠 정도로 많은 음식 종류가 준비되어 있다.

가장 많이 주문하는 것은 두 가지의 세트 메뉴. '아스파라거스와

등심스테이크' 그리고 '왕새우를 곁들인 연어스테이크'가 도시남
녀의 입맛을 사로잡는다.

　두 세트에는 샐러드와 바게트 그리고 음료가 포함된다. 결국 단
품으로 주문을 했을 때보다 20 ~ 30%는 저렴하다.

　연어스테이크의 예를 들어보면, 빵과 버터 그리고 잼이 나오고
나서 샐러드가 서빙된다. 눈치 빠른 서버들은 적당한 타이밍에 다
음 순서를 준비한다.

　메인디쉬의 프리젠테이션이 초일류는 아니지만 나름대로 신경을
쓴 흔적이 엿보인다. 연어와 새우가 둥그런 볶음밥 위에 얹혀 있고
그 사이 사이를 감자가 포진하고 있다. 서너 가지 소스가 어우러져
제법 그럴싸한 맛을 낸다. 늘 바게트로 접시 위의 소스를 닦게 된다.

　생선요리를 먹고 난 뒤에는 아무래도 홍차가 어울린다. 얼그레이
홍차가 레몬과 곁들여지면 코스는 마무리된다.

MENU

안심 27,000원　　　등심 20,000원　　　연어 18,000원

INFORMATION

· 전화번호 : 02 - 738 - 2563　 · 영업시간 : AM 9:00 ~ PM 10:00
· 위　　치 : 종로1가 교보빌딩 1층
· 주　　차 : 가능 (빌딩 내 2시간)

59 구보다스시

**100% 자연산 해산물을
자랑하는 구보다스시**

성북동의 소란스러운 돈까스 골목을 지나 조금만 차를 달리면 보일 듯 말 듯한 조그만 가게 구보다스시가 눈에 들어온다. 안으로 들어서면 테이블은 달랑 3개. 수는 적지만 공들여 요리를 준비하겠다는 굳은 의지처럼 보여 오히려 든든하다.

초밥이나 간단한 정찬도 준비되어 있지만 계절의 미각을 돋우는 다채로운 구성의 가이세키(懷石)코스가 이 집의 자랑이다.

원래 가이세키 요리는 사치스럽거나 화려한 식사가 아니다. 차(茶)의 맛을 충분히 음미할 수 있도록 하기 위해 '차를 마시기 전 공복을 다스리는 요리' 다. 하지만 음식이 나오는 순서에 그냥 몸을 맡기면 마지막에는 배가 불러 뒤뚱거리게 된다.

2만원에 즐기는 구보다스시의 가이세키 요리는 네 가지 전채로 시작한다.

앙증맞은 네 개의 종지에 담겨 나오는 계란말이와 어묵은 1인분에 딱 한 조각씩 돌아가는데 혀보다는 눈으로 즐기라는 의미가 크다. 뭔가 엄청난 양의 식사를 기대했다가는 실망하기 쉬우니 잠시 기다려 보라는 조언을 하고 싶다.

게눈 감추듯 전채를 해치우고 나면 파란 접시 위에 빨간 사과가 한 덩어리 올라 시각적 대비를 이룬다. 사과는 위 부분을 수평으로 잘라 뚜껑을 만들고, 속을 파낸 뒤 그 속을 마요네즈에 버무려 다시 담아 주는데 샐러드의 역할을 한다.

그릇으로 쓰이는 사과마저 씹어 먹고 싶을 정도로 식욕이 당길 즈음 소복하게 흐트러진 튀김이 고소한 기름내를 풍기며 뒤를 따른다. 젓가락을 들어 사정없이 튀김을 잡고 덴다시 (튀김을 찍어먹는 양념장)에 찍는다. 바삭하다는 느낌보다는 촉촉하다는 표현이 맞을 듯싶다. 맛은 좋은데 양이 적으니 살살 약이 오르기 시작한다.

이 기분을 읽었는지 바로 가쯔돈 (돈까스를 계란 푼 것과 섞어 내오는

요리)과 게 다리 구이가 상 위에 오른다. 열기가 식지 않도록 배려한 철제 용기와 고체 연료가 자박자박하게 온기를 유지시키는 덕에 돈까스는 씹는 내내 쫄깃거린다. 구운 게의 다리는 수분이 말라 비쩍하지만 직화로 구운 까닭에 향은 더욱 살아난다. 추상화를 많이 닮은 초록색의 접시가 게의 주홍빛과 썩 잘 어울린다.

난데없는 밥 접시에 놀라게 되는 것은 전적으로 이 집의 마끼 스타일 때문이다. 바삭한 김과 흰밥 그리고 계란지단, 무순, 날치 알, 당근, 단무지가 펼쳐진 접시는 소풍 전 날 어머니가 김밥을 싸기 위해 마련해 둔 준비물과 모양새가 흡사하다.

김을 한 장 깔고, 밥을 고르게 펴고, 갖은 야채를 올리고, 날치 알을 뿌려 나마와사비 (생고추냉이)를 찍어 살살 돌려서 먹는 셀프 마끼가 심심하던 손님에게 재미를 더해준다. 2만원짜리 요리에 생와사비를 갈아서 내다니 요리에 대한 고집이 대단해 보인다.

이윽고 사시미 한 접시가 상 위에 다다른다.

살을 도려낸 학꽁치가 하늘을 향해 부리를 내뻗고, 수줍은 가이바시라는 키조개 껍데기 안에 다소곳이 몸을 감추고 있다. 참치 다다끼와 성게 알은 학꽁치의 머리 뒤에 숨어 있고, 자잘한 조선 굴과 앙증맞은 전복은 그 맞은 편에서 얼굴을 살포시 내민다. 여섯 가지 해산물 모두 100% 자연산이다.

박재호 조리장의 장모가 해녀인 덕에 가격대비 질 좋은 생선들을 만날 수 있는 곳이 바로 구보다스시다. 달착한 학꽁치와 오독거리는 전복, 겉과 속의 씹는 재미가 두 배인 참치 다다끼, 쌉쌀함이 퍼지다 단맛으로 변신하는 성게 알, 둘이 먹다가 하나가 죽어도 모를 만큼 단맛이 강한 굴과 가이바시라…. 비록 양이 많지는 않지만 입을 한껏 벌어지게 만드는 향미가 대단하다. 줄을 잇는 초밥 역시 양보다는 질이 만만치 않다.

잠자리 모양을 한 김초밥에 시선을 빼앗기기도 전에 접시의 가로 길이와 맞먹는 엔삐라 (광어지느러미)에 사로잡히고 만다. 지금까지 먹어 본 광어지느러미초밥 중에 가장 긴 녀석이다. 비록 한 점이었지만 입이 꽉 찰 정도로 길쭉하고 고소하다. 느끼하지 않은 생선의 기름기가 입 속을 번지르르하게 다독인다.

밥을 도톰하게 세워 김을 돌린 후 옴폭 패인 공간에 자잘한 굴을 채워 넣은 굴초밥은 상상하기 힘들 정도로 담백하다. 향 좋기로 유명한 조선 굴과 김이 어우러지니 이 맛이 안 난다면 오히려 이상할 판이다.

곤약과 어묵이 들어 있는 우동이 상에 오를 즈음에는 서서히 배가 불러온다. 이쯤에서 젓가락을 놓을 생각으로 국물을 뜨는데 간이 적당하고 깊은 맛이 난다. 오사카를 중심으로 하는 관서 지방 스

생일파티 · 기념일 등을 위한 특별코스

타일의 국물이 짜지 않고 담백하다.

마지막이겠거니 하는 마음에 서둘러 우동을 먹고 있는데 가다랭이 포로 국물을 낸 오차즈께가 마지막 고문을 한다. 슴슴하지만 담백해 배가 산만한데도 자꾸만 손이 가고 결국 국물까지 몽땅 털어 넣게 된다.

후식을 하라고 내온 호두까지 예뻐 보이는 이유는 간단하다. 질 좋은 재료를 가지고 정갈한 손맛을 발휘한 구보다스시의 실력 때문이다.

계산을 하며 또 박재호 조리장을 보며 다시 한 번 결심을 다진다. 내 나이 50줄에는 반드시 이런 식당 하나 가져야겠다고….

MENU

구보다 초밥 정찬 10,000원   조리장 특선 정찬 30,000원
아게미 초밥 정찬 15,000원   가이세키 코스 요리 20,000원

INFORMATION

· 전화번호 : 02 - 744 - 2701
· 영업시간 : AM 11:30 ~ PM 2:00 / PM 5:30 ~ PM 10:00
· 위　　치 : 혜화동 로터리에서 성북동쪽으로 길을 따라 직진한 후
　　　　　　기사식당 촌을 지나 성북 초등학교 입구
· 주　　차 : 가능

추억이 담긴 곳,
오랜 전통을 자랑하는 곳

Part 8

· 무교동북어국집
· 정원순두부
· 춘천옥
· 장추
· 동신떡갈비
· 전주한일관
· 개성집
· 연남식당
· 평래옥
· 영춘옥

60 무교동북어국집

**부드러운 북어국의 날카로운 일침,
"숙취야, 물럿거라!"**

정말 맛있는 식당은 겉모습만 봐도 느낌이 팍 온다. 세월의 무게감이 은근히 전해지고 드나드는 손님들이 어설프지 않아 분위기가 들뜨는 일이 없다. 먼저 가게 앞의 두 가지가 눈에 띈다.

since 1968 이라고 씌여진 현관 위의 나무 현판이 그 첫째이고, 일본 잡지에 실린 특집기사를 아크릴 액자에 넣어 붙여 놓은 것이 두 번째다. 얼마나 음식을 잘하면 북어국 한 가지로 이웃 나라의 잡지에까지 실린 것일까 의심이 갈 법도 하지만 한 번 맛을 보고 나면 오해가 풀리고 생각이 바뀐다. "참 그 친구들 대단하구만! 어떻게 이 작은 식당까지 찾아낸거지…." 의구심이 감탄으로 바뀌는 순간 기분좋은 웃음이 터진다.

　이 집은 일요일마저도 많은 손님들로 바글댄다. 주중에는 해장 전용 식당으로 애용을 하다가 일요일이 되면 느즈막히 잠자리에서 일어나 가족들을 데리고 브런치(?)를 즐기러 오는 경우가 허다하다.

　얼마 전 현대식으로 인테리어 공사를 마감한 탓에 예전의 자취는 찾아보기 힘들어 졌지만 식당내부는 훨씬 밝아지고 쾌적해졌다. 방이 있던 공간을 들어내고 내부를 붉은 벽돌로 쌓아 올려 아담하고 아늑한 분위기를 연출했다. 낡은 테이블을 교체하고 벽걸이 TV를 걸어 놓을 만큼 이미지를 바꾸었지만 몇 가지 중요한 포인트들은 예전과 다름이 없다.

　우선 북어국을 끓이는 솥이 그대로다. 현관을 열고 들어서면 가장 먼저 만나게 되는 것이 바로 주방의 솥단지다. 그래서 국물 맛이 변함이 없는 것일까?

　쉬지 않고 펄펄 끓고 있는 솥을 지나 자리를 잡으면 종업원들이 소리 없이 다가와 시원하기로 유명한 물김치 한 사발을 내밀고 스테인리스 반찬 통을 테이블에 끼워주고 간다. 예전에는 접시에 담겨진 반찬

추억이 담긴 곳, 오랜 전통을 자랑하는 곳

무교동북어국집

가시는 말할 것도 없고 질기
거나 딱딱한 부위를 씹어본
기억이 없을 정도로 세심하
게 손질한 북어

들을 날라다 주었지만 이제는 통을 가져다주면 알아서 먹을 만큼 담는 시스템으로 바뀌었다.

김치며 부추무침은 그대로지만 오징어 젓갈은 리모델링과 함께 새로 입주를 해 온 추가반찬이다.

일반적으로 기사식당의 음식들이 빨리 나온다고 생각하지만 무교동 북어국집의 속도를 따르기에는 역부족이다.

김이 모락모락 나는 북어국을 한 대접 받고 나면 일단 궁금해진다. 과연 북어만 넣고 끓인 국물이 맞나 싶을 정도로 색깔이 뽀얗기 때문이다.

송송 썰어진 두부와 파는 눈을 자극한다. 하지만 섣불리 덤볐다가는 입천장이 벗겨지고 만다. 후후 불며 국물을 떠 마시다 그릇이 싹 비워져도 걱정할 필요가 없다. 몇 번을 요청해도 변함없는 미소로 국그릇을 다시 채워 주고 또 채워 준다. 국물만큼이나 친절함이 도드라진다.

시원한 국물을 마시고 나면 새우젓을 조금 넣고 북어를 건져 먹을 차례. 살집이 보드랍게 씹히는 것이야말로 기술 중의 기술이다. 가시는 말 할 것도 없고 질기거나 딱딱한 부위조차 씹어 본 기억이 없을 정도로 손질의 세심함이 드러난다.

건더기를 다 건지고 국물만 남으면 밥을 말고 부추무침을 한 젓가락 올린다. 밥을 말면 국물의 시원함은 많이 누그러지지만 대신 부드러움이 살아난다. 알싸하게 씹히는 부추의 향이 있어 국에 만 밥도 심심하지 않다.

해장의 묘미는 그저 뜨거운 국물을 마시는 데 있는 것이 아니다. 시원함이 동시에 반응을 해야 빠른 시간에 속이 풀릴 수 있기 때문에 물김치는 선택이 아닌 필수요소다. 뜨거운 국물로 입이 텁텁하고 둔해지면 자연스레 속도 더워진다. 크게 숨을 들이쉬고 그릇째 들어 물김치를 마시면 묵은 체증이 내려가듯 숙취가 달아난다.

어린 아들 둘을 데리고 가도 주문을 강요하거나 눈치 주는 일이 없고 국그릇까지 따로따로 하나씩 준비해 줄 정도로 인심이 후하다. 이런 넉넉한 배려 덕에 30년 넘도록 북어국의 대명사 소리를 들으며 무교동의 터줏대감으로 버티고 있는 것이 아닌가하는 믿음이 간다.

MENU

북어국 5,000원

INFORMATION

· 전화번호 : 02 - 777 - 3891
· 영업시간 : 평일 AM 7:00 ~ PM 8:00 / 토 · 휴일 AM 6:00 ~ PM 5:00
· 위　　치 : 시청 앞 다동 골목 내 (파출소 건너 편)
· 주　　차 : 불가능

추억이 담긴 곳, 오랜 전통을 자랑하는 곳

61 정원순두부

굴 순두부 완전정복 40여년!

  사무실에 앉아 있으면 유난히 배가 고픈 날이 있다. 매일 같은 사이클임에도 불구하고 가끔씩 정신이 혼미해지고 집중이 흐려진다.

  11시 50분이면 샐러리맨들이 몰려들기 시작하는 오피스텔가의 식당들은 5분, 아니 3분만 늦어도 굴비 엮이듯 벽에 딱 붙어 서서 주린 배를 움켜쥐고 기다리는 고통을 감내해야 한다. 그런 까닭에 조금만 늦었다 싶으면 닫힘 버튼을 신경질적으로 누르고 엘리베이터에서도 뛴다.

  차라리 많이 늦으면 덜 억울하지만 간발의 차이로 마지막 좌석을 빼앗기고 나면 이유 없이 짜증이 나기 시작한다. 희비가 엇갈리는 순간이지만 소문난 맛 집에서 행복한 한 끼 식사를 즐기려면 도리가 없다.

  40년 가까이 서소문 샐러리맨들과 함께 한 서민적 분위기의 순두부집 '정원순두부'. 간판에 적혀 있는 ⟨since 1969⟩라는 숫자가 의미하는 것은 자부심이다.

음식 장사가 사회적으로 홀대를 받던 60년대 말부터 샐러리맨들의 선망의 대상이 된 현재까지 단품 하나로 빌딩가에서 버틴 저력을 가감없이 과시한다.

가게를 열고 들어서면 좌측에 카운터가 보이는데 하동관처럼 계란판이 쌓여 있다. 순두부에 깨서 먹으려는 손님들은 한 알씩 챙기는 것을 잊지 않는다.

근자에 보기 힘든 스테인레스 테이블이 홀을 채우고 있고 그 테이블은 다시 손님들이 채우고 있다.

정원순두부가 유명해진 데는 굴 순두부의 역할이 컸다. 찬 바람이 불면 시원한 굴 순두부 맛에 매료된 사람들이 하루가 멀다 하고 드나든다.

형광 불빛이 반사되어 거울처럼 반짝이는 은색의 식탁 위로 시뻘건 국물의 순두부가 뚝배기에 담긴 채 전달된다. 부글부글 끓어 넘치는 시

추억이 담긴 곳, 오랜 전통을 자랑하는 곳

정원순두부

40년 가까이 서소문 샐러리
맨들과 함께 한 서민적 분위
기의 순두부집 '정원순두부'.
간판에 적혀 있는 〈since
1969〉라는 숫자가 의미하는
것은 자부심이다.

뻘건 찌개와 1인분씩 돌솥에 지어내오는 고슬고슬하고 새하얀 쌀밥이 소박한 시각적 대비를 이룬다.

굴의 양이 만만치 않다. 건더기가 튼실해 만족스럽고 얼큰한 국물과도 썩 잘 어울린다. 숟가락으로 휘휘 저어 굴을 한 점 뜬 후 입으로 옮긴다. 살집이 오른 굴이 야들야들한 속살을 들이밀며 혀 위로 드러눕는다. 좌우로 혀를 굴려 열기를 빼내고 살짝 씹으면 톡하고 터지면서 본색을 드러낸다. 향이 적당하고 간이 잘 배어 있다.

얼큰한 국물이 좋다면 상관 없지만 조금 더 부드러운 순두부를 즐기고 싶다면 계란을 하나 깨 넣는 것이 좋다. 처음부터 풀어도 좋고 바닥에 숨겨 두었다가 반숙을 만들어 먹어도 좋다. 일반 순두부와 다른 점이 있다면 밥이며 순두부를 덜어 먹을 수 있는 비빔 대접을 함께 내준다는 것이다.

콩나물과 김 그리고 고추장을 넣은 커다란 그릇이 푸짐해 보인다. 한 끼의 식사를 제대로 즐기려면 처음부터 비빔대접의 유혹에 빠지면 안된다. 자칫하면 굴과 순두부의 제대로 된 맛을 놓칠 수 있기 때문이다.

잘 지어진 밥은 입 안을 중화시켜 고유한 반찬들의 맛을 부각시키는 역할을 도맡는다.

굴 순두부 몇 순가락으로 식욕을 자극한 다음, 깻잎 장아찌로 밥을 감싸 입에 넣으면 줄을 설 때 치밀어 올랐던 화가 스르르 녹아내린다. 쫀득한 밥알들이 입 안을 이리저리 구르며 자꾸만 침샘을 자극한다.

뚝배기를 반 정도 비울 때 쯤 굴 순두부와 밥을 대접에 털어 넣고 척척 비비면 마무리가 준비된다.

색깔은 벌겋지만 순두부에 비빈 밥은 그리 맵지 않고 부드럽다. 소리도 없이 몇 순가락 휘두르다보면 이내 바닥이 드러난다.

저녁이면 생굴을 안주삼아 소주 한 잔 하는 것도 괜찮은 일이다. 단 물이 좋은 놈들이 올라올 때만 생굴을 안주로 내기 때문에 일부러 찾아갈 때는 전화를 걸어 미리 확인해 봐야 헛걸음을 막을 수 있다.

MENU

순 두 부 5,000원　　소고기순두부 5,500원　　생굴 13,000원
굴순두부 6,000원　　돼지고기순두부 5,500원

INFORMATION

· 전화번호 : 02 - 755 - 7139　· 영업시간 : AM 10:00 ~ PM 10:00
· 위　　치 : 서소문 삼성본관 뒤 식당가
· 주　　차 : 유료주차장 이용

추억이 담긴 곳, 오랜 전통을 자랑하는 곳

62 춘천옥

외국 바이어들에게도 인기 짱!

서울 시내에는 대여섯 곳의 유명 브랜드 상설할인매장 타운이 있다. 문정동에서 출발해 목동을 거쳐 이제는 구로공단 일대에서까지 인기몰이를 하고 있다. 그 중에서도 규모로 치자면 각 브랜드의 공장이 밀집해 있는 구로동 일대가 단연 으뜸이다.

주말이면 도로 곳곳에 심각한 정체 현상을 만들어 내고 매장마다 발 디딜 틈 없을 정도의 손님들로 넘쳐난다. 이 곳을 찾는 사람들은 쇼핑 스타일만큼이나 메뉴와 식당 선택에 있어서도 깐깐하다.

깍쟁이 손님들의 입소문으로 유명해진 춘천옥은 대형 쇼핑몰 '마리오' 의 대각선 골목에 자리 잡고 있다.

막국수와 보쌈 그리고 국밥이 메뉴의 전부인데, 1980년에 오픈해서 벌써 24년째 이 자리를 지키고 있다는 것만으로도 그 내공을 미루어 짐작할 수 있다.

어떤 음식을 주문하던 먼저 맑게 끓인 콩나물국을 한 사발 가져다주고 시원하게 입을 가시고 있는 동안 깍두기와 열무김치 그리고 보쌈을 내온다. 지방이 적당히 붙어 있는 돼지고기는 새우젓이나 보쌈김치를 곁들이지 않아도 맛있다는 소리가 절로 나올 만큼 손맛이 좋다. 고소하고 은근히 퍼지는 뒷맛이 어떤 고기 맛과 비교해도 손색이 없다.

부드럽고 촉촉한 이 집 보쌈의 맛을 결정하는 데는 두 가지 비결이 있다. 첫 번째는 고기를 삶아 내는 물이다. 수돗물을 쓰지 않고 특별히 정제된 깨끗한 물에 청주와 마늘, 생강을 넣고 고기를 삶아 잡 냄새를 제거한다. 두 번째는 질 좋은 국산 돼지를 사용한다.

외국 손님들도 많다는 소리를 듣고 의아했는데 주인장의 설명을 듣고 나니 자연스레 고개가 끄덕여졌다. 공단 밀집지역의 특성 상 외국인 바이어들이 많고, 한국의 별미를 찾는 그들의 레이더망에 보쌈김치가 딱 걸린 것이다. 아삭거리는 배추와 새콤달콤한 양념의 앙상블은 이방인들의 입맛을 사로잡기에도 충분했다.

견과류나 해산

춘천옥

누린내가 전혀 나지 않는 제육, 아삭거리는 배추, 새콤달콤한 양념의 앙상블은 이 방인들의 입맛을 사로잡으며 24년째 이 자리를 지키고 있다.

물을 잔뜩 넣는 전통 개성식 보쌈김치는 아니지만 소박한 재료들로 어떻게 이런 산뜻한 김치 맛을 낼 수 있는지 궁금할 따름이다.

게다가 누린내가 전혀 나지 않는 제육은 적당한 기름기를 제공하는데 육식이 기본인 서양인들에게도 삶은 돼지고기는 색다른 경험인가 보다.

이 집을 찾는 선수들은 보쌈과 함께 공기밥을 주문한다. 새우젓을 친 제육 한 점을 밥숟가락에 얹고 열무김치를 둘러 같이 먹는 별미를 개발한 탓이다. "김치가 아니고 밥?" 하며 난색을 표하는 분들도 있겠지만 맨밥과 제육 그리고 새우젓이 만들어내는 '상상도 못할 단맛'을 경험하고 나면 이 세상 웬만한 음식들이 눈에 차지 않는다.

보쌈을 먹은 후의 입가심으로는 막국수가 좋다. 여름철에는 시원하게 물막국수를 그리고 겨울철에는 비빔막국수를 준비하고 있지만 이 집의 주력 메뉴는 비빔막국수다.

돌돌 만 국수 위에 고추 양념장과 열무 줄거리, 채 썬 오이, 배, 깨를 뿌린 대접을 코끝으로 당기면 고소한 참기름 냄새가 폴폴 풍긴다. 면이 딱 알맞게 삶아져 있어 비비는데 힘이 들지 않는다.

젓가락으로 휘휘 돌려 말고 열무김치를 얹어 입에 넣으면 쫄깃한 면과 사각거리는 열무가 보기 좋게 씹힌다. 자박하게 부어진 육수 덕에 비빔이지만 뻑뻑하지 않고 촉촉하다. 언뜻 보기에는 새빨간 양념이 겁을 주지만 혀가 아릴 정도의 매운 맛은 아니다.

메밀 함량이 그다지 많지 않아 까슬대는 질감은 부족하지만 매끄러운 면발이 미끄러지듯 넘어간다.

막국수를 즐기는 또 하나의 방법은 양념장을 빼고 육수를 많이 달라고 특별히 주문해 물국수처럼 먹는 것이다. 사골 육수의 고소함은 유명 냉면집들의 그것과 비교해도 부족하지 않은 실력을 보여준다.

일본인 바이어들 중에서는 미리 예약을 하고 귀국할 때 보쌈김치를 포장해 가는 손님들도 많다고 한다.

MENU

보쌈 (소) 15,000원   보쌈 (대) 19,000원   막국수 4,500원

INFORMATION

· **전화번호** : 02 - 868 - 9937   · **영업시간** : PM 12:00 ~ PM 10:00
· **위   치** : 금천구 가산동 마리오 타워 대각선 골목 안쪽
· **주   차** : 가능

추억이 담긴 곳, 오랜 전통을 자랑하는 곳

63 장추

**마음 놓고 먹다가는
지갑을 던지고 나와야 하는 장어집**

서울시내 유명 장어집들 중에서도 가장 많은 단골들을 확보하고 있는 장어구이 전문점이 바로 장추다.

장어구이가 맛있으려면 뭐니뭐니해도 장어 자체의 질이 좋아야 한다. 장추는 영산강 하구 단골 양식장에서 매일 30Kg 정도의 싱싱한 민물장어를 공수 받는다.

가게 안으로 들어서면 가장 먼저 눈에 띄는 것이 장어 떼가 헤엄치고 있는 수족관이다. 보관도 보관이지만 장어 몸에 배어있는 흙냄새를 빼내기 위해서 담궈 둔다고 한다.

술자리가 아니라면 대부분은 장어 정식을 즐겨 먹는다. 소금구이와 간장구이 그리고 고추장구이가 준비되어 있는데 가장 인기가 좋은 것은 간장구이다.

주문을 하면 주방에서는 초벌구이에 들어간다. 초벌구이가 끝날 때까지는 다소 시간이 걸리기 때문에 그 사이에 미리 가스 불을 올리고 이런 저런 곁들임 음식들을 먼저 내온다.

상 위로 시선을 돌려보니 장어죽과 장어뼈튀김, 부추전, 부추무침, 갓김치, 콩나물 등의 반찬과 함께 소주에 맥소롱을 섞어 놓은 듯한 쓸개주도 한 잔 자리를 차지하고 있다.

비릿한 내음이 살포시 깔리는 장어죽은 혀에서 부드럽게 녹아내린다. 간이 좀 심심하지만 오히려 입 안의 잡맛을 없애는 데는 이 편이 좋은 듯 싶다.

장어뼈튀김은 때에 따라 바삭함의 차이를 보인다. 갓 튀겨 냈을 때야 이것과 비교할만한 음식을 찾기 힘들지만 시간이 좀 흐르고 눅눅해지면 두 번 다시 손도 대기 싫어진다.

초록색의 부추가 밀가루 반죽 속에서 도드라지는 부추전은 기름기를 머금어 촉촉하지만 지짐이 특유의 바삭함이 부족해 아쉽다.

전을 다 먹을 즈

추억이 담긴 곳, 오랜 전통을 자랑하는 곳

장추

음 장어 한 마리가 불판 위로 오른다. 이미 초벌구이를 한 덕분에 모양새가 거북스럽지 않다.

간장구이 장어는 간장에 계피, 감초, 마늘, 생강 등을 넣어 은근한 불에서 오래도록 달인 소스를 발라 굽는다. 짙은 캬라멜 색을 띠고 반지르르하게 번쩍이는 장어는 보는 것만으로도 먹음직스럽다. 시신경으로부터 자극을 전해 받은 입 안에서는 슬슬 군침이 돌기 시작한다.

제대로 구워진 놈을 골라 한 점 입에 넣으면 통통하게 살집이 오른 장어가 어금니에 쩍쩍 들러붙는다. 자칫 잘못하면 껍질과 살이 분리되어 맛 또한 분리되기 쉬운데 장추의 장어들은 찰떡처럼 찰싹 달라붙어 한없이 쫄깃하다. 게다가 속살 깊숙이 열기가 뻗어 있어 담백함이 극치를 이룬다.

좀더 진한 맛을 즐기고 싶다면 고추장구이도 좋다. 얼얼할 정도의 자극적인 매콤함은 아니지만 알싸한 양념이 느끼한 장어의 뒷맛을 개운하게 한다.

대여섯 가지 딸려 나오는 밑반찬도 정갈하다. 곰삭은 멸치젓은 특유의 향으로 깔깔한 입맛을 돋우고, 심심하게 볶은 무나물도 장어의 기름기와 잘 어울린다.

　장어를 한 점 씹다가 밥을 한 숟가락 입에 넣으면 각각의 맛이 균형을 잡는다. 여기에 갓김치나 고춧가루 양념이 듬뿍 든 콩나물을 더하면 거의 완성이 되는데 화룡정점의 역할을 하는 것이 바로 써비스로 나오는 추어탕이다.

　곁들여 내오는 작은 뚝배기의 추어탕은 전문점의 것과 비교해도 손색이 없을 만큼 걸쭉하고 구수하다. 무제한 리필이 가능하다는 것도 매력이라면 매력!

　균형있는 소스의 배합과 탱탱한 육질이 빚어내는 장어구이의 진수! 충무로에서만 벌써 20여년을 버텨온 장추의 저력이다.

　맛의 비결을 묻는 질문에 "운이 좋아 손님 입맛에 맞았나 봅니다"라고 겸손하게 답을 하는 사근사근한 여주인의 부산사투리가 정겹기만 하다.

MENU

장어정식 15,000원　　　장어(1kg) 45,000원

INFORMATION

· 전화번호 : 02 - 2274 - 8992　　· 영업시간 : AM 11:30 ~ PM 10:00
· 위　　치 : 충무로역 5번 출구 극동빌딩 뒤편
· 주　　차 : 가능

추억이 담긴 곳, 오랜 전통을 자랑하는 곳

64 동신떡갈비

24시간 손님이 끊이지 않는 떡갈비 전문점

24시간 영업을 한다고 하면 언뜻 떠오르는 것이 '기사식당' 이다.

그런데 널찍한 대청마루에 한실 사랑방, 큼직한 홀까지 갖춰 둔 번듯한 인테리어에 꽤 고급스런 메뉴의 떡갈비를 전문으로 하는 식당이 24시간 문을 열고 손님을 맞는다는 것은 의아한 일이 아닐 수 없다.

그러나 일단 맛을 보고 나면 '웬일일까? 라는 의심이 유쾌한 미소로 바뀌게 된다. 이 정도의 식당이 언제라도 찾을 수 있게 24시간 문을 활짝 열고 기다린다는 사실은 분명 기분 좋은 일이 아닐 수 없다.

이북 사람들은 먹다가 망한다는 말이 있다. 손님을 대접할 때도 "상 위에 음식이 남도록 푸짐히 대접해야 성이 찬다"는 이북 출신의 실향민 내외가 터를 닦은 동신떡갈비는 이제 대를 이어 아들의 손에서 40년 째 명맥을 이어가고 있다. 장안에 내노라 하는 떡갈비 집들이 많지만 이 집은 24시간 손님들이 끊이질 않는다.

사실 갈비살은 맛있는 부위임에는 틀림이 없지만 안심이나 등심에 비해 질긴 것이 단점이다. 이 단점을 장점으로 승화시킨 것이 바로 떡갈비다.

갈비에 붙은 살코기를 분리해 곱게 다지고 스무 가지가 넘는 양념을 한 후, 갈빗대 위에 넓적하게 올리고 은근하게 구워낸 떡갈비는 부드럽고 쫄깃쫄깃한 맛이 그만이다.

음식을 올리는 모습에서도 주인의 세심한 배려를 느낄 수 있다. 큼직한 떡갈비를 담고 있는 커다란 접시는 촛불을 켠 신식 불 판 위에 올려져 나온다. 먹는 내내 접시며 고기가 식지 않는다.

살짝 그을린 떡갈비의 끄트머리는 바삭거리고 안쪽으로 파고 들어갈수록 부드럽고 쫄깃하다. 한 조각씩 먹기 좋게 떨어져 더욱 신이 난다.

큼직하게 썰어 넣은 마늘은 향긋하고 고소하다. 양념이 생각처럼 달지 않은데 끊임없이 들어가게 하려는 속셈인지도 모

추억이 담긴 곳, 오랜 전통을 자랑하는 곳

동신떡갈비

이북 출신의 실향민 내외가
터를 닦은 동신떡갈비는 이
제 대를 이어 아들의 손에서
40년 째 명맥을 이어가고
있다.

르겠다. 그러나 대식가가 먹어도 모자라지 않을 만큼 양이 충분하다.

부드러움에 반한 탓일까? 유난히 가족 동반이 눈에 띈다. 어린 손자들 손을 꼭 잡고 살점을 떼어 먹이는 할머니, 할아버지들의 모습이 정겹다.

떡갈비를 먹은 후의 입가심으로는 만둣국이나 온반이 좋다. 이북의 서북쪽 사람들은 겨울철 늦은 밤, 밤참으로 김장 김치의 국물을 퍼내 찬밥이나 국수를 넣고 고소한 참기름과 깨소금으로 양념을 해 말아 먹었다. 고기 먹은 후의 느끼함을 달래기 위해 주문한 김치말이 국수의 국물이 지나치게 달아 아쉬움이 남는다.

그렇다면 또 다른 별미인 만둣국은 어떨까? 손바닥만한 크기의 만두는 모양새부터가 이북 만두 특유의 투박함과 푸짐함이 그대로 살아있다. 두부, 숙주, 고기와 함께 백김치를 다져 넣은 만두소는 내용도 알차거니와 맛도 담백하다. 양지머리를 푹 곤 진한 국물까지 들이키고 나면 허리띠를 풀지 않고는 배겨날 수 없을 만큼 나른한 포만감이 밀려온다.

이색적인 맛을 원한다면 온반도 추천할 만하다. 닭고기 육수에 밥을 말고 잘게 찢어 올린 살코기와 표고버섯, 파, 달걀지단에 빈대떡까지 넉넉하게 웃기를 얹힌 온반은 하얗고 노란 지단의 시각적 대비와 푸짐한 고명의 양에 감탄을 금할 수 없는데 한 끼 식사로 이보다 더 좋은 메뉴는 없을 성 싶다.

　게다가 '떡갈비정식'도 준비되어 있어 평일 12시에서 2시 사이에 점심을 먹으러 들릴 수 있을 만큼 가까운 거리에 살거나, 혹은 시간의 여유가 있는 사람이라면 떡갈비에 김치말이, 그리고 만두나 김치비빔밥 중 한 가지를 골라 단돈 만원에 세트로 맛 볼 수 있는 행운까지 거머쥘 수 있다.

MENU

떡갈비 (400g) 19,000원　　김치말이 국수 4,000원
만 두 국 6,000원　　평 양 온 반 6,000원
떡갈비정식 (떡갈비+김치말이+만두 or 김치비빔밥) 10,000원 (평일 오후12시~2시)

INFORMATION

· 전화번호 : 02 - 481 - 8892　　· 영업시간 : 24시간
· 위　　치 : 암사동 암사역 사거리에서 300m 직진, 좌측에 위치
· 주　　차 : 가능

추억이 담긴 곳, 오랜 전통을 자랑하는 곳

65 전주한일관

펄펄 끓는 50년 전통의 콩나물국밥

　서울시내에는 내노라할만한 콩나물국밥집이 서너 집 된다. 이름만 들어도 알만한 이 집들 가운데 맛과 유명세로 치자면 전주한일관이 으뜸이다. 가게로 들어서는 입구에서부터 50년 전통이란 간판이 뜨내기 손님들을 위협한다.

　고작 예닐곱 대를 주차할 수 있는 손바닥만한 앞마당과는 달리 내부는 운동장을 방불케 할 만큼 널찍하다.

　시선을 잠시 돌리면 노구를 이끌고 카운터를 지키고 있는 전주한일관의 창업주 배순임 할머니가 보인다. 무리다 싶으리만치 연로하신데도 꼿꼿이 자리를 잡고 앉아 손님들을 건사한다.

　이 집의 대표적인 메뉴는 콩나물국밥과 전주비빔밥이다. 열에 아홉은 주저 없이 이 메뉴를 고르는데 등을 돌리고 앉아 있어도 손님들이 무엇을 주문했는지 움직임만으로 알아챌 수 있다.

반쯤 벌린 입으로 혀를 굴려 대며 고개가 연신 천정을 향하고 있다면 콩나물국밥이고, 왼손은 가만히 있는데 오른손만 부지런히 움직인다면 전주비빔밥, 그리고 진득하니 자리를 잡고 앉아 무엇인가에 집중하고 있다면 육회비빔밥이다.

한두 번만 시도해 보면 도사처럼 알아 맞출 수 있는데 이런 행동들은 음식의 온도나 형태와 밀접한 연관이 있기 마련이다.

부글부글 소리를 내며 국물이 넘치도록 뚝배기에 끓여내는 콩나물국밥은 '펄펄' 이란 수식어가 제대로 어울린다. 어찌나 뜨거운지 테이블에 오르고도 한참을 쳐다보며 국밥과 신경전을 벌인다.

코를 자극하는 콩나물의 고소한 향에 취해 필사적으로 뚝배기에 숟가락을 넣고 저어 보지만 입으로 넣을 엄두가 나지 않는다. 한 풀 꺾이기를 기다리는 동안 고춧가루, 깨, 파 등을 추가로 넣어 구색을 맞추고 새우젓으로 간을 맞춘다.

한 숟가락만 떠 먹어 보아도 맛의 깊이가 고스란히 전해진다. 숟가락이 오가는 횟수가 많아질수록 뜨거운

추억이 담긴 곳, 오랜 전통을 자랑하는 곳

전주한일관

부글부글 소리를 내며 국물
이 넘치도록 뚝배기에 끓여
내는 콩나물국밥에 입 천장
을 데이기 일쑤이다.

국물에 가슴이 후끈 달아오른다. 맛에 이끌린 방정맞은 숟가락질 때문에 입천장을 데이기 일쑤지만 바보처럼 주기적으로 이 행동을 반복하게 된다.

적당히 먹다가 반숙이 된 계란을 풀면 국물이 뽀얘지면서 한결 부드러워진다.

속이 편안하고 부담스럽지 않는 날이면 찾는 것이 비빔밥인데 그중에서도 필자가 주로 주문하는 별식은 육회비빔밥이다. 테이블에 올라온 그릇만 봐도 식욕이 돋는다. 세월의 공력이 고스란히 담겨 있는 놋그릇에 아기자기하고 기품있는 육회비빔밥이 담겨 있다.

놋그릇에 담긴 육회를 살살 풀어 호박, 도라지, 콩나물, 시금치와 같이 비빈다. 참기름 향이 코를 찌르지만 섞는 손놀림을 게을리 하면 밥이 물기를 머금고 뭉치고 만다. 젓가락으로 밥알과 고기 살이 뭉개지지 않도록 조심스레 휘어 감는다. 신선한 정육에서는 양념 맛만큼이나 진한 단물이 흘러나온다. 설컹설컹 씹히는 소고기의 육질이 그만이다. 잃어버린 입맛을 찾는데 이만한 별식은 없지 싶다. 화려하다고 말 할 수는 없지만 분명 탄탄한 실력임에는 틀림이 없다.

또한 비빔밥만큼이나 녹녹치 않은 손맛을 선보이는 것이 이 집의 밑반찬들이다. 달콤하면서도 새콤함이 흐르는 제대로 곰삭은 고추,

잡맛을 전혀 느낄 수 없는 계란말이, 간장 맛이 속까지 밴 곤약조림, 그리고 쌉쌀한 갓김치까지 맨밥이라도 당장 한 그릇 비울 수 있으리만치 대단한 저력을 보여준다.

한 가지 아쉬운 점이라면 이 집에서는 계란말이를 먹을 때마다 젓가락으로 '아주 조금씩' 베어 먹게 되는 바람에 포만감에 심한 제동이 걸린다. 원래부터 그러했던 것은 아니고 추가 반찬을 거절 당한 뒤부터 생긴 쫌생원(?) 같은 습관 때문이다.

MENU

전주콩나물국밥 5,000원   전주비빔밥 6,500원   육회비빔밥 9,000원

INFORMATION

· 전화번호 : 02 - 569 - 0571   · 영업시간 : AM 7:00 ~ PM 10:00
· 위   치 : 강남역 1번 출구나 역삼역 3번 출구로 나와서 직진을 하다가
　　　　　　대우증권과 서울은행 사이 골목길로 들어서서 100m
　　　　　　내려오면 좌측
· 주   차 : 가능

추억이 담긴 곳, 오랜 전통을 자랑하는 곳

66 개성집

고향의 손맛을 잊지 못해 찾아오는 실향민 1, 2세대들의 아지트

개성은 음식이 다양하고 정갈하며 맛깔스러운 곳으로 유명하다. 전라도 지방의 음식이 맛있다고는 하나 이에 못지 않은 손맛을 자랑하는 곳이 바로 개성이다. 고려의 도읍지였던 탓에 왕조의 궁중 음식이 민간에까지 퍼지게 되었고 오랜 시간 대물림으로 내려온 비법들이 개성 이남 지역으로 전파되었다.

개성음식에는 '절제의 미학'이 담겨 있다. 전라도 한정식처럼 화려하지는 않지만 소박함이 깃들어 있고 잔잔하고 은은한 감동이 오래도록 지속된다. 간이 세지 않아 식재료 고유의 맛과 향이 잘 살아 있다.

커다란 스테인레스 대접에 담아 내오는 맹물에 끓인 개성 편수는 재료들의 어울림이 조화롭다. 한 입에 쏙 넣을 수 있을 정도로 앙증맞은 크기의 편수는 만두피가 톡 터지면서 내용물이 쏟아져 나온다. 언뜻 심심하게 느껴지지만 씹다보면 특유의 다채로운 맛에 입 안을 점령당한다.

정히 간을 맞추길 원한다면 식초와 간장을 섞어 만든 새콤한 양념장을 곁들이면 된다. 그냥 먹을 때와는 달리 적당히 간이 퍼져 소로 쓰인 호박, 숙주와 어우러진 아삭거림이 유별나다.

가끔 식사 때를 지나 한가한 시간에 가게를 찾으면 아주머니들이 둘러앉아 조랑떡을 만들고 있는 모습을 포착하게 된다. 조랑떡국에 쓰일 떡을 빚는 것으로 갓 뽑은 흰떡을 가느다랗고 길게 늘려서 자그마하게 끊어내고 가운데 부분을 대나무 칼로 살짝 눌러 굴리다보면 균형이 잘 잡힌 오뚝이 같은 모양새를 갖추게 된다.

조랑떡국은 떡도 떡이지만 국물의 맛을 내기가 여간 어려운 게 아니다. 소갈비와 양지를 넣고 한나절 이상을 푹 고아야 뽀얀 진국이 우러나는데 집에서 끓인 것처럼 진하고 담백하다.

이렇게 공을 들인 육수에 조랑떡을 넣고 끓이면 처음에는 가라앉아 있던 떡들이 하나,

추억이 담긴 곳, 오랜 전통을 자랑하는 곳

개성집

올록볼록한 조랑떡이 혀 위
에서 매끄럽게 구르며 씹히
는 야들야들한 질감과 아삭
거리는 오이와 신 국물의 잊
을 수 없는 맛

둘 익으면서 표면 위로 떠오른다. 계란을 몽글하게 풀어 섞고, 채 썬 파와 잘게 썬 삶은 양지살을 무쳐 올린 다음 깨를 뿌려 손님상에 낸다.

올록볼록한 조랑떡이 혀 위에서 매끄럽게 구르며 씹히는데 야들야들한 질감이 다감하기 그지없다. 전반적으로 간이 세지 않지만 무친 양지살과 조랑떡을 함께 먹으면 그다지 심심하지 않다.

밑반찬으로 내오는 오이무침은 아작거리며 씹히는데 간도 적당하고 상쾌해 입 안에서 당그레질 친다. 뭐니뭐니해도 조랑떡국과 최고의 궁합은 오이싱건지다.

메뉴판에는 오이라고만 표기되어 있는데 칼집을 낸 오이 속에 부추 등의 소를 넣고 넉넉히 국물을 잡아 익힌 까닭에 마치 오이동치미 같아 보인다. 잘 익은 오이를 한 입 베어 물면 입 안이 개운해진다. 아삭거리는 오이와 혀를 오그라뜨리는 신 국물은 별미 중의 별미다.

한 뼘 크기의 오이를 4덩이나 넣어주고 2,000원을 받는데 이 집을 찾는 거의 모든 손님들의 테이블에는 오이 대접이 놓여 있다. 일부러 오이를 먹기 위해 발걸음을 하는 손님이 있을 정도로 인기가 좋다.

기름에 부치는 음식들도 맛이 뛰어나다. 그 중에서도 동그랑땡은 재료의 맛과 질감을 제대로 살린 수작으로 손꼽힌다. 바삭거릴 만큼 고소한 뒷맛이 깔끔하고 적당히 기름져서 서너 점만 먹어도 속이 든든해진다.

기름기가 좔좔 흐르는 개성순대도 인기 메뉴이다. 돼지고기와 두부, 야채 등을 듬뿍 넣고 들통에서 쪄내는 순대는 칼로 자르면 내용물이 앞뒤로 삐져 나올만큼 속이 꽉 차 있다. 특이한 점은 간장을 찍어 먹는다는 것인데 야채를 많이 넣은 순대와 상당히 잘 어울린다. 흐물거릴 정도로 부드러운 질감 덕에 아이들도 꺼리지 않는다.

저녁 시간에 이 집을 찾으면 방 안은 온통 이북 사투리로 넘쳐난다. 고향의 손맛을 잊지 못해 찾아오는 실향민 1, 2세대들이 만두 한 접시, 순대 한 접시로 아쉬움을 달래는 까닭이다.

MENU

만 두 국 7,000원	양 무 침 21,000원	순 대 9,000원
조 랑 떡 국 7,000원	양 곰 탕 7,000원	오이소박이 2,000원
떡 만 두 7,000원	편 수 7,000원	

INFORMATION

· 전화번호 : 02 - 923 - 6779 　·영업시간 : PM 12:00 ~ PM 10:00
· 위　　　치 : 1호선 신설동역 3번 출구로 나와 성북동과 청량리 사이
　　　　　　골목으로 200m 직진하다가 좌회전
· 주　　　차 : 가능

추억이 담긴 곳, 오랜 전통을 자랑하는 곳

67 연남식당

앉을 수 있으면 앉아 보시지요

70년대 신촌의 풍경을 기억하는 사람들은 그리 많지 않다. 대학이 많아 학생들이 버글대는 학사촌이면서도 거렁뱅이와 넝마가 공존하던 신촌은 소설 속에나 나옴직한 동네의 모습을 고스란히 간직하고 있었다.

우마차가 아스팔트 위를 달리며 연탄을 나르고 막걸리에 취한 대학생들의 노래 소리가 끊이지 않았던 낭만의 동네 신촌. 악다구니를 쓰는 시장 아낙네들의 생명력이 활기를 부르던 신촌 상가, 비만 오면 바지를 걷고 건너야 했던 굴다리 밑, 한 손을 주머니에 찔러 넣고 거들먹거리던, 반짝이 옷을 입은 스탠드바의 웨이터 형…. 기억의 끝자락을 장식하고 있는 신촌은 내겐 너무나도 정겨운 곳이다.

맛있는 집들도 참 많았다. 당시로서는 초대형 건물처럼 느껴지던 신촌 상가의 구식 돈까스 집 '숲속의 빈터', 기름을 줄줄 흘리며 하루 종일 닭들이 돌아가던 전기구이 통닭집 '풍년센터' 그리고 불난 호떡집마냥 소란스러웠던 '서서갈비'….

이 중에서도 서서갈비에 대한 기억은 유별나다. 각별히 서서갈비를 사랑하시던 아버님 덕에 한 달에도 서너 번은 화생방 훈련을 방불케 하는 전쟁을 치뤄야 했던 골치 아픈 집이지만 친구 분들과 소주 드시는 것을 방해받지 않기 위해 쥐어 주시던 100원짜리 동전 때문에 눈물 콧물 다 빼가며 꾹 참아야 했던 식당이 바로 서서갈비다.

연탄 냄새와 고기 굽는 냄새가 어찌나 심하던지 고기 한 점 입에 넣어주면 내빼듯 도망쳐 나와 가게 앞에 진을 치고 앉아 지나가는 사람들을 구경하곤 했다. 갱지로 감싸서 쥐어 주시던 갈비 조각도 대단한 고역이었다. 손이 작아 잡기도 불편했거니와 먹는데도 힘이 들었다. 아무리 이를 악물고 쥐어뜯어도 벗겨지지 않는 갈비를 양념만 쪽쪽 빨고 나서는 슬그머니 바닥에 버리곤 했다.

자의반 타의반 서서갈비를 드나든 지 벌써 30년이 넘었다.

그 때와 지금을 비교 해보면 바뀐 것이라곤 딱 두 가지 뿐이다. 도로를

연남식당

드럼통이며 쇠 불판, 양념장
모두가 그대로인 채 30년
전의 어느 날에서 시계가 멈
춘 듯 하다.

넓히느라 가게를 골목 안으로 이전했고 갈비를 싸서 먹던 갱지가 냅킨으로 바뀌었다.

드럼통이며 쇠 불판, 양념장 모두가 그대로인 채 30년 전의 어느 날에서 시계가 멈춘 듯 하다. 지금도 정식 상호인 '연남식당' 대신 그냥 서서갈비로 불리는 이유도 다 그 시절 단골들이 변하지 않고 찾기 때문이다.

서서갈비에서는 '몇 인분'이 아니라 '몇 대'를 기준으로 주문을 한다. 이것도 옛날 방식 그대로다. 사람 수보다 두 배로 주문을 하면 갈비로 든든히 배를 채울 수 있다.

스테인레스 대접에 담겨 나오는 이 집의 갈비는 선홍색이 아니라 짙은 캬라멜 색을 띠고 있는데 고기를 손질한 후 한나절쯤 간장 양념에 재워두기 때문이다.

새까만 무쇠 철판에 두툼한 갈비를 올리고 막아 놓은 불구멍을 열면 연탄이 벌겋게 불꽃을 내뿜으며 철판을 달군다.

찬이라고는 종지에 담긴 양념장과 풋고추, 마늘 그리고 고추장이 전부다. 소박하다 못해 야박하게 느껴지지만 양념 맛이 워낙 진하다 보니 이를 뒷받침하고 어울릴만한 곁들임 반찬이 없을 듯도 싶다.

고기가 익기 시작하면 커다란 가위를 가지고 와 듬성듬성 잘라준다. 자제를 못하고 핏기만 가시면 얼른 집어 먹는다. 창피한 이야기지만 아이들을 데리고 가도 신경 쓸 겨를이 없을 정도로 젓가락질이 부산해진다.

단맛은 또 단맛을 부르는 법이다. 처음 혀에 닿았을 때는 달게 느껴지지만 한 판이 비워질 즈음에는 자극이 무뎌진다. 익은 고기를 양념장에 빠뜨려 먹기도 하고 아예 불판 위의 고기에 들이붓기도 한다. 그것도 모자라면 뜨거운 드럼통 열기로 인해 데워진 소스를 음료수처럼 들고 마시게 되는데 이 쯤 되면 고추장이 약발을 받는다. 언뜻 생각하기에는 고추장과 갈비가 안 어울릴 것 같지만 무뎌진 혀를 자극하는데 고추장만큼 신통한 것이 없다.

잘라 놓은 살들이 거의 다 없어지면 불판 한 구석에 몰아놓았던 갈비대를 집어든다. 각을 잘 잡고 비스듬히 세워 힘줄을 발라먹는데 약간의 노하우만 터득하면 부드럽게 쏙 빼먹을 수 있다.

서서갈비는 식사메뉴가 없기 때문에 밥이나 면으로 마무리 하시는 분들에게는 적당하지 않다.

아무래도 서서 먹다보니 고기를 소비하는 속도도 빨라지고 소주병을 비우는 속도도 빨라진다.

고기가 떨어지면 문을 닫아버리는 원칙은 예나 지금이나 변함이 없다. 아버지 손에 이끌려 처음 먹어 본 서서갈비의 맛을 두 아들 녀석에게 선보였듯이 이 녀석들이 또 그렇게 아이들을 데리고 와 이 집의 갈비 맛을 가르쳤으면 좋겠다.

추억이 담긴 곳, 오랜 전통을 자랑하는 곳

MENU

소갈비 (1대) 10,000원

INFORMATION

· 전화번호 : 02 - 716 - 2520   · 영업시간 : AM 10:00 ~ PM 9:00
· 위　　치 : 신촌로터리에서 서강대교 방면으로 직진, 첫 번째 신호등에서
　　　　　　왼쪽골목 안쪽
· 주　　차 : 가능

68 평래옥

50년 냉면사랑

　명동의 중앙극장 건너편에 다소곳이 자리 잡고 있는 '평래옥'은 장안에 남아 있는 몇 안 되는 정통 평양냉면 집이다. 워낙 오래 전부터 이 곳에 터를 내린 탓에 가게의 위치나 인테리어가 편리 위주는 아니지만 단골들에게는 익숙한 동선을 제공한다.

　사실 평양냉면 집들은 12시를 앞뒤로 하는 샐러리맨들의 점심시간보다는 시계 바늘이 조금 더 움직이고 난 오후 1시에서 3시 사이가 가장 바쁜 시간이다. 늦은 아침을 챙겨 드시고 길을 나선 반백의 노신사들이 홀의 대부분을 차지하기 때문이다.

　처음 찾는 젊은 분들은 언뜻 분위기만 보고 돌아나가기 일쑤지만 호기심을 발휘해 조금만 참고 기다리면 저렴하고 맛있는 이북음식들의 향연을 맛볼 수 있다.

　이 분야에서 절대지존으로 손꼽히는 곳은 을지로 4가의 '우래옥'

추억이 담긴 곳, 오랜 전통을 자랑하는 곳

이지만 가격이나 양을 고려한다면 평래옥에게 좀더 후한 점수를 주고 싶다. 한 그릇에 무려 3,000원이나 차이가 나다보니 주머니 생각을 하지 않을 수 없기 때문이다.

언젠가 점심시간에 만나 합석을 하게 된 할아버님께서 손주뻘 되는 필자를 희한하다는 듯 바라보시며 한 말씀 던지신 적이 있었다. "맛 있어?" 짧은 질문이었지만 함축하고 있는 의미를 어렵지 않게 파악할 수 있었다. '이 질긴 사연의 맛을 젊은 친구가 알겠어?' 그냥 히죽 웃으며 고개를 조심스럽게 끄덕였던 기억이 난다.

할아버지는 한 마디 덧붙이셨는데 이 주장이 상당히 설득력 있었다.

"종로나 을지로 바닥을 기웃거리는 노인네들은 3종류로 나뉘는데 젊어서 돈 좀 벌어 놓은 사람들은 우래옥에서 불고기에 냉면을 먹고, 그저 열심히 살기만 한 노인네들은 평래옥에서 만두나 녹두지짐 아니면 닭무침을 시켜 소주 한 잔 기울이며 냉면 먹고, 실패한 인간들은 파고다에서 밥 얻어 먹고 있다"고….

차가운 냉면 육수를 들이키며 한참이나 머리 속으로 그림을 그리고 또 그렸다. 쓸쓸했

지만 이것이 현실이었다.

'쪼로록' 한 잔 따라주는 구수한 고기 육수를 홀짝이면서 제일 먼저 '닭무침'을 시킨다. 남들은 빈대떡이나 만두를 선호하지만 닭고기의 살을 발라내 식초와 고춧가루, 무채, 오이채를 넣어 새콤하게 버무려 주는 닭무침이 입맛을 돋우는 데는 적격이기에 이 스타일을 고집한다.

닭을 차갑게 조리하는 데는 신경 쓸 일이 많다. 첫째 기름지면 안 되고, 둘째 질기면 안 된다. 그리고 셋째 퍼석거리면 말짱 도루묵이다.

닭을 삶는 기술만을 놓고 보자면 단연코 장안 최고다. 부들거리고 무르기 쉬운 닭 껍질마저 오독오독 씹히며 쫀득거린다. 세세한 끝손질 덕에 느끼함이라고는 찾아볼 수가 없다.

쫄깃거리는 살집을 나박하게 썬 무김치에 싸 먹으면 새콤함이 혀를 깜짝 놀라게 한다. 한 점 두 점 먹다보면 그 소박한 매력에 흠뻑 빠져들고 만다.

새콤함은 자극이 그리 오래 가지 못하는 법이다. 고소한 먹거리가 당길 때면 빈대떡을 주문한다.

그리 크지는 않지만 노릇하게 구워진 녹두지짐이 두 장 포개져

추억이 담긴 곳, 오랜 전통을 자랑하는 곳

나오는데 젓가락을 대면 소리부터 바삭거린다. 쉽게 부서지지 않으면서도 퍽퍽하지 않아 서너 번 손을 대면 빈대떡은 온데간데 없이 사라지고 접시는 바닥을 드러낸다. 한 가지 아쉬운 점이라면 돼지기름으로 지진 것이 아니어서 고소함은 조금 덜하다는 것이다.

양이 부족하다 싶으면 만두가 제격인데 피가 얇아 속의 내용물이 비칠 정도이고 김치가 들어간 까닭에 색깔이 불그레하다. 막 빚은 것처럼 투박하고 못생긴 만두는 집에서 만든 것 마냥 소박하다. 일부러 겉모양에 신경을 쓰지 않은 탓에 만두의 모양새는 그야말로 가지각색이다. 만둣국의 육수는 건건하다고 느껴질 만큼 심심하기 때문에 진한 육수는 기대하지 않는 편이 좋다.

대신 평래옥의 전공인 냉면 육수는 혀에 닿는 느낌이 사뭇 다르다. 소고기 육수와 꿩 육수 그리고 동치미 국물을 섞어서 특별 제조한 오묘한 맛이 뿌연 국물 속에 고스란히 갇혀 있는데 육수의 구수함에 더해진 동치미의 새콤함이 쉽게 머리 속을 떠나지 않는다.

일반적인 평양냉면처럼 고명은 별 볼 일 없지만 한 가지 특색있는 점은 육수에 동동 떠 있는 눈깔사탕만한 크기의 꿩고기 완자다. 입 안에 쏙 넣고 살살 굴리다가 씹으면 살이 풀어지면서 특유의 고기 향이 퍼진다.

거무튀튀한 면발은 차지고 매끄럽지만 힘을 들이지 않고도 쉽게 끊어지는 정도의 탄력을 유지하는데 씹으면 씹을수록 고소해지는 면발의 비법이 늘 발길을 유혹한다.

MENU

냉면 5,000원   제육 7,000원   빈대떡 5,000원

INFORMATION

· 전화번호 : 02 - 2267 - 5892   · 영업시간 : AM 11:00 ~ PM 9:30
· 위   치 : 종로구 남대문 세무서옆 (중앙극장 맞은 편)
· 주   차 : 불가능

추억이 담긴 곳, 오랜 전통을 자랑하는 곳

69 영춘옥

60년이 넘도록 종로를 지킨 터줏대감 소꼬리

계구우후(鷄口牛後) 라는 사자 성어가 있다. 닭의 부리가 될지언 정 소의 꼬리는 되지 말자는 의미다. 그러나 식재료의 차원에서 보면 말도 안되는 소리다. 뼈 무게를 제외하면 소꼬리만큼 비싼 부위를 찾기 힘들다. 여름내 파리떼를 쫓느라 분주했던 소꼬리는 영양분의 보고(寶庫)다. 움직임이 많아 가장 맛있다는 앞다리와도 그 맛을 견줄만하다.

서구에서는 소꼬리를 이용한 요리가 거의 전무하다. 근육, 관절 피부에 탄력을 주는 특수 고단백식품인 '콜라겐' 을 잔뜩 함유하고 있는 소꼬리를 불과 얼마 전까지만 하더라도 버리곤 했는데 한국인들의 집착이 이를 상품화하게 만들었다. 우리나라에서는 여성들의 산후 보양식과 당뇨나 빈혈이 있는 환자들의 특별식으로 애용되어

왔다.

 기름기가 많아 손질하는데 애를 먹기 일쑤인 소꼬리지만 다른 부위에 비해 상대적으로 희소가치가 높아 이제는 고급요리로 자리잡기에 이르렀다. 소 한 마리를 잡아도 기껏해야 그 양이 70~100cm 정도 밖에 되지 않는데다 한우가 워낙 귀하다 보니 소비자들의 수요를 감당하지 못해 대부분의 집에서는 양질의 수입꼬리를 요리의 재료로 이용하고 있다.

 옛 피카디리 극장 옆 골목에는 60년을 한결같이 소꼬리를 끓이며 종로의 터줏대감 역할을 하고 있는 영춘옥이 자리잡고 있다. 명성만을 생각하고 갔다가는 실망하기 딱 좋을 분위기의 집이다. 자그마한 가게 안에 다닥다닥 붙어 있는 탁자들과 삐걱거리는 의자들이 전부인 옹색함의 극치! 하지만 이 집의 꼬리 요리를 맛보고 나면 엎드려 절이라도 하고 싶은 심정이 드는 당대 최고의 꼬리 전문점이다.

 대표메뉴는 꼬리 곰탕과 꼬리찜이지만 해장국이나 곰탕을 찾는 손님들까지 가세해 하루종일 북적인다.

 다른 꼬리집들과 가장 차이를 보

추억이 담긴 곳, 오랜 전통을 자랑하는 곳

영춘옥

대파를 길게 잘라 넣어 흐물
거릴 정도로 푹 끓인 곰탕
국물의 시원한 맛과 느끼하
지 않은 담백함

이는 것은 꼬리찜의 모양새다. 대개의 경우 소꼬리를 얇게 썰어내는데 영춘옥은 어른 주먹만한 크기의 굵직한 덩어리로 삶아 낸다. 야채를 넣어 전골처럼 끓여 올리는 방식이 아니라 그저 잘 손질된 꼬리를 아무 양념없이 조리해 낸다.

프라스틱 막 접시에 달랑 4덩어리를 올려 내주는데 처음에는 기가 막혀 말이 안나오지만 덩어리 하나를 골라 양 손으로 잡고 한 입 물어보면 금새 생각이 바뀐다.

흐드러질만큼 부드럽고 탄력이 좋아 육질이 그대로 느껴지는 꼬리찜은 뼈를 감싸고 있는 묵직한 살덩이를 씹는 재미가 보통이 아니다. 정신없이 살을 발라먹으면 소꼬리의 백미라고 할 수 있는 뼈와 뼈 사이의 연골이 드러나는데 젤라틴처럼 쫄깃하다.

몇 입 돌려먹다 보면 어느새 입술이 번쩍거리며 위 아래가 끈적거려 입을 다물면 들러붙어버린다. 그럼에도 희한한 사실은 입 안은 전혀 끈적거리지 않는다는 것이다. 다른 양념을 넣지 않고 삶아내는데도 노린내가 나지 않는 기술이 이 집의 역사를 대변한다.

꼬리곰탕도 매력적이다. 60년이 넘도록 영춘옥을 지켜온 버팀목이 바로 꼬리곰탕이다. 길게 자른 대파를 넣고 흐물 거릴 정도로 푹 끓인 곰탕 국물은 시원하기 그지없다. 곰탕 안에 들어 있는 꼬리는

잘게 썰어져 있는데 한 덩어리 건져서 입에 넣으면 톱니 모양의 각
진 뼈 사이에서 살이 쏙쏙 빠져나온다.

　이렇게 덩어리를 몇 개 건져 먹고 나서 밥을 말면 곰탕 자체에서
배어나오는 단맛과 밥이 풀어 섞이면서 내놓는 구수함이 상당히 조
화롭다.

　뽀~너스!

　메뉴판에는 없지만 단골들만 아는 메뉴가 한 가지 더 있다. 바로
'뼈다귀'. 탕 국물을 끓이고 나서 남는 잡뼈들을 술안주로 내주는
데 나오는 양도 적고 시간도 맞추기 어려워 이 메뉴만을 보고 찾아
갔다가는 발길을 돌려야 하는 아쉬움을 감수해야 한다.

　소주 안주로는 그만인 뼈다귀는 손질을 하고도 남아있는 뼈에 붙
은 살들을 발라먹는 재미가 쏠쏠하다.

MENU

꼬 리 찜	20,000원	따귀	15,000원	해장국	4,500원
꼬리곰탕	10,000원	곰탕	5,000원		

INFORMATION

· 전화번호 : 02 - 765 - 4237　· 영업시간 : 24시간
· 위　　　치 : 종로 3가 피카디리 극장 옆
· 주　　　차 : 불가능

추억이 담긴 곳, 오랜 전통을 자랑하는 곳

다른나라 음식이
먹고 싶을 때

Part 9

- 발리
- 삼전초밥
- 소노
- 푸치니
- 앤치즈
- 리틀사이공
- 리틀타이
- 라멘81번옥

70 발리

발리에서 생긴 일?

인도네시아는 세계에서 가장 많은 섬을 가진 나라다. 그래서 우리나라의 영호남 음식 간 차이처럼 요리의 맛이 조금씩 다르다.

그 중에서도 열대우림의 아름다움을 모두 간직한 발리섬의 요리는 맵기로 유명하다. 그런 까닭에 매운 음식에는 '발리' 라는 단어가 붙는다.

인도네시아 요리 이름은 중국처럼 재료와 조리법이 조합되어 완성된다. 볶거나 튀기는 음식이 많은 인도네시아는 많은 수의 요리에 '고렝' 이라는 단어가 들어간다.

밥을 볶으면 '나시고렝' 이 되고, 국수를 볶으면 '바미고렝', 그리고 새우를 튀기면 '우당고렝' 이 된다.

소스는 대부분 새콤함, 달콤함, 매콤함으로 구분된다. 새콤함은 '아삼', 달콤함은 '마니스', 그리고 매콤함은 '발리' 라고 표현하는데 이렇게 대표적인 세 가지 소스가 요리의 중심에 서서 재료들과 어우러지며 맛의 균형을 잡아준다.

또 한 가지 인도네시아 음식 중의 별미는 각기 다른 종류의 고기를 토막 내 입에 쏙 들어갈 크기로 자른 다음 꼬치에 끼우고 숯불에 구운 요리 '싸떼' (SATAY)다. 우리의 꼬치구이와 그 모양새가 흡사하고 소, 돼지, 닭고기 등을 사용한 까닭에 맛이 부드럽고 쫄깃하다.

이태원 뒷골목에 자리 잡고 있는 인도네시아 음식점 '발리' 는 현지의 섬을 고스란히 옮겨 놓은 것처럼 분위기가 독특하다.

발음하기도 힘든 메뉴판을 뒤적이다 "이 집에서 제일 맛있고 현지 냄새가 폴폴 나는 요리 하나하고 식사 하나 주세요" 하자 젊은 사장이 사람 좋은 웃음을 하며 '우당고렝붐부발리' 와 '나시고렝깜뿡' 을 추천해 준다.

모를 때는 물어보는 것이 가장 안전하다. 내 식성이나 선호하는 재료를 설명하고 가장 어울릴만한 요리를 추천해 달라고 하는 것이 좋다.

나는 매콤한 '붐부발리소스' 대신 달달한 '아삼마니스소스' 로 해달라

다른나라 음식이 먹고 싶을 때

발리

이태원 뒷골목에 자리 잡고
있는 인도네시아 음식점 발
리는 현지의 섬을 그 스란히
옮겨 놓은 것처럼 분위기가
독특하다.

고 부탁을 한다.

'우당고렝아삼마니스'는 〈새우를 튀겨서 새콤달콤한 아삼마니스소스를 뿌려준다〉는 의미이다.

소박한 이름에 비해 접시에 담긴 요리의 모양은 좀 더 색채가 강하고 화려해 보인다. 넓적하게 배를 가른 대하 튀김 위로 고추, 양파, 파, 오이, 피망, 파프리카 등이 보이는데 달콤하면서도 향긋한 과일 소스가 코 밑을 자극한다.

가장 딱딱한 머리 부분까지 부담 없이 씹힐 정도로 바싹 튀겨진 새우는 튀김옷과 어우러져 먹는 내내 고소한 맛을 연출한다. 새콤함이 입 안에서 확 퍼지지만 순간적일 뿐 오래도록 지속되면서 머리를 아프게 하는 일은 없다.

새우 접시가 바닥을 보이자 이번에는 '나시고렝깜뿡'이 테이블로 다가온다. 중국집 볶음밥과는 달리 끈기가 있고 좀 더 거무튀튀하다. 안남미를 사용해야 하는 인도네시아 전통 볶음밥을 우리 쌀로 대체한 것이 모양을 결정지은 첫 번째 이유이고, 소금 대신 '께짭마니스소스'를 사용한 것이 색깔에까지 영향을 미친 두 번째 이유이다.

닭고기와 새우 그리고 계란을 풀어 넣은 볶음밥 위에 '그루뿍우당' 이라고 불리는 새우칩이 놓여 있다. 새우를 갈아 넣은 반죽을 넓게 펴고 기름에 튀긴 이 스넥은 모양은 작지만 뺑튀기와 질감이 비슷하다. 비릿한 새우의 향이 혀를 밉살맞게 몰아세우지만 두 번 세 번 씹다보면 하나 더 청하고 싶은 마음이 들 정도로 고소하다.

마니스소스 덕분에 밥은 시럽을 뿌린 것처럼 달달하게 느껴진다. 한국인 손님들 중 20~30대 여성의 비율이 많은 이유를 짐작케 하는 대목이다.

양이 상당해 둘이 가면 요리 하나에 밥 하나면 충분할 것 같다.

MENU

우당 고렝 아삼 마니스	12,000원	나시 고 렝 깜 뽕 5,000원
나 시 고 렝	7,000 ~ 8,000원	사떼 (꼬치 5piece) 7000 ~ 8,000원
우당 빠 당 (새우요리)	24,000원	사떼 (꼬치 10 piece) 13,000원

INFORMATION

· 전화번호 : 02 - 749 - 5271
· 영업시간 : AM 11:30 ~ PM 10:00 (매주 월요일 휴무)
· 위　　치 : 지하철 6호선 이태원역 1번 출구에서 직진, KFC 골목으로 들어가 삼거리에서 좌회전 한 후 막다른 곳까지 직진, 오른쪽 2층
· 주　　차 : 불가능

다른나라 음식이 먹고 싶을 때

71 삼전초밥

**초밥의 신선도와 균일 가격은
눈과 입을 바쁘게만 하고**

세종문화회관 뒤편 주차장 앞에 자리잡고 있는 회전 초밥집 '삼전'은 작은 집이다. 요사이 유행처럼 번지고 있는 초대형 스시집들과는 거리가 멀다. 그럼에도 다닥다닥 붙어있는 광화문 식당가에서 삼전초밥을 찾아내는 것은 그리 어렵지 않다. 움푹 패인 가게의 겉모습이 특이하게 도드라지고, 내부가 훤히 들여다 보이는 커다란 통창이 시원한 이미지를 내뿜는다.

나즈막한 계단을 내려가면 아늑한 분위기의 회전 스시 다이가 반갑게 손님을 맞이한다. 형형색색의 초밥들이 앙증맞은 접시에 담겨 회전대를 따라 돌면 자리도 잡기 전에 입 안 가득 군침이 고인다.

반백의 사장이 넉넉하고 여유롭게 버티고 서서 잽싼 손놀림으로 초밥을 쥔다. 능숙하고 노련한 움직임이 듬직하다. 초밥 하나 하나의 모습이 예사롭지 않다.

　제일 먼저 눈에 띄는 접시는 새조개초밥, 일년에 서너 달 밖에 잡히질 않아 쉽게 접할 수 없는 메뉴이다. 희뿌연 속살의 큼직한 새조개가 밥알 위에 올라 있다. 간장을 살짝 찍어 입에 넣으니 새조개 특유의 단맛과 바다 내음이 입을 황홀하게 한다. 밥을 내린 식초의 양이 더도 덜도 없이 알맞다. 해물과 밥 그리고 겨자의 삼박자가 혹시나 하고 우려하던 혀의 섣부른 판단을 가차없이 내리누른다.

　연어초밥은 밝은 주홍빛 살집이 먹음직스럽다. 커다란 한 덩어리가 적당히 기름지고 담백하다. 밥을 다 넘기고도 서너 번은 더 씹힐 정도로 내용물이 튼실하다.

　장어초밥은 일반적인 모양과는 사뭇 느낌이 다르다. 마끼처럼 김으로 밥을 동그랗게 말아 간장소스로 구운 장어를 올려 내놓는다. 초밥과 장어의 어울림도 좋지만 김과 빚어내는 조화가 특색 있다.

　특급 일식집의 생새우초밥은 아니지만 적당히 살이 올라 통통해진 새우살을 데쳐 만든 새우초밥은 육질의 탄력이 만족스럽다. 마르기 쉬

삼전초밥

껍질, 살, 알까지 세로로 내
리 썰어 세 가지 맛을 동시
에 즐길 수 있는 청어. 초에
절인 청어살은 상큼하고 아
작아작 터지는 샛노란 알은
무료함을 달래준다.

운 새우살이 촉촉한 상태로 남아 있어 씹는 내내 부드러움을 잃지 않는다.

새빨간 속살이 육고기를 연상케 하는 북방조개초밥도 인기 메뉴이다.

하지만 뭐니뭐니 해도 단골들의 사랑을 독차지하는 초밥은 청어! 초에 절인 살만을 저며 쥐어 내는 여느 집과는 달리 껍질, 살, 알까지 세로로 내리 썰어 세 가지 맛을 동시에 즐길 수 있다. 삼전초밥의 청어는 웬만한 미식가들도 빙그레 웃게 만든다. 초에 절인 청어 살은 상큼하고 아작아작 터지는 샛노란 알은 무료함을 달래준다.

이 집의 초밥들이 신선한 이유는 의외로 간단하다. 입구에 들어오는 손님들의 수를 정확히 체크하고 비어 가는 접시들을 꼼꼼히 계산해서 회전대에 올릴 초밥의 양을 조절하기 때문이다. 각별한 신경을 쓰는 탓에 선도에 따라 맛 차이가 크게 나는 해산물들이 광택을 잃지 않을뿐더러 좀처럼 마르는 일이 없다.

모든 접시가 균일가이기 때문에 엔가와(지느러미)나 고등어, 아마에비(단 새우) 같은 초밥들을 제대로 골라 먹으면 돈을 벌고 나오는 기분이 든다.

한국경제신문의 맛 집 소개란에 기사를 쓴 후 일주일이 지났을까? 점심 때가 꽤 지나서 찾았는데도 손님들로 발 디딜 틈이 없었다. 한참을 줄을 서서 기다리다 겨우 한 귀퉁이에 끼여 앉아 서너 접시 비우고는, 나오는 길에 코팅이 되어 벽에 붙어 있는 내 글을 발견했다. 계산을 마치며 반가움에 내가 쓴 기사라고 말을 꺼냈다가 감사의 말 한 마디는 커녕 타박만 듣고 쫓기듯 도망쳐 나왔다. 그렇지 않아도 바쁜데 기사가 나오는 바람에 손님들이 몰려들어 일손이 딸려 혼났다고….

삼전초밥은 이만큼 자부심이 강한 집이다. 밥은 얼마 먹지도 않았는데 핀잔을 들어서일까 배가 두 배는 든든해졌다. 나라고 섭섭한 생각이 왜 안 들겠냐마는 그래도 즐거웠다.

나만의 비법을 가지고 골라 먹는 재미를 만끽할 수 있는 이만한 집이 서울 시내 또 어디에 있을까? 부디 초심을 잃지 말고 오래도록 그 자리를 지켜 주었으면 하는 마음이 간절하다.

MENU

생선초밥 17가지 종류 (접시 당) 2,500원

INFORMATION

· 전화번호 : 02 - 735 - 1748
· 영업시간 : AM 11:30 ~ PM 2:00 / PM 4:30 ~ PM 9:00
· 위　　　치 : 세종문화회관 뒤편 주차장 앞
· 주　　　차 : 공용주차장 이용

다른나라 음식이 먹고 싶을 때

72 소노

젊음의 거리에서
'꿈'을 파는 작은 식당

젊음의 거리 홍대 앞을 걷다보면 작지만 실력있는 레스토랑들과 마주치게 된다. 유행이 빠르고 부침이 심하다보니 경쟁이 무척이나 치열하다. 그 중에서도 가격의 거품을 쏙 뺀 '소노'는 최근 가장 주목을 받는 레스토랑으로 손꼽힌다.

일본 체류 기간 동안, 이탈리아 현지인 요리사들에게 '비법'을 전수 받아서인지 이탈리아 본토에서 맛 본 파스타보다 훨씬 더 우리 입맛에 잘 맞는다. 이태리 식당이 우후죽순으로 늘어나고 '파스타 전문'이라는 간판이 분식집 만큼이나 많아진 우리나라의 상황이 이미 10여 년 전 일본의 모습이란 걸 떠올린다면 충분히 설득력 있는 얘기다.

파스타라면 그저 토마토소스의 스파게티나 그라탕 정도로만 알고 있던 10년 전쯤, 일본에서 맛본 다양한 종류의 파스타들은 가히 환상적이었다.

그러나 기대와 설레임으로 접했던 이탈리아에서의 파스타들은 오히려 심심하기 그지 없었다. 본고장의 레스토랑에서 내주는 면은 우리가 소위 '알덴테'(al dente)라고 알고 있는 삶는 정도보다도 훨씬 딱딱하고, 소스 또한 '면에 약간의 간을 더해 주는 양념' 정도의 역할 밖에는 하지 않았다.

크림소스의 선호도가 높고, 소스의 양도 보다 넉넉하게 즐기는 것을 좋아하는 우리 입맛에 일본이란 '여과장치'를 거친 소노의 요리는 훨씬 더 편안하게 다가온다.

이 곳의 요리는 전반적으로 깔끔하고 맛깔스럽다. 그리고 아주 저렴하다. 올리브 오일과 해산물, 치킨 육수로 소스를 만드는 'oil & stock 파스타'는 엄지손가락을 치켜 세울 정도로 맛이 뛰어나다.

신선한 해산물을 와인으로 졸인 후, 올리브 오일과 우럭을 우려낸 육수로 소스를 만들고 커다란 홍합, 바지락, 새우로 토핑을 한 '해산물

다른나라 음식이 먹고 싶을 때

파스타’는 각 재료의 독특한 맛이 진하게 살아있다.

파스타 속까지 알차게 배어 든 소스는 바다의 향취를 풀어내기에 충분하다. 진한 육수 덕분에 면과 소스가 겉도는 일도 없다.

입 속을 얼얼하게 만드는 화끈하고 매운 파스타도 있다. 매콤한 페페로치니(고추)를 오일에 볶아 토마토소스로 끝마무리한 ‘아라비아따’는 와인을 한 모금 마셔야 진정이 될 만큼 알싸하다. 이 집의 아라비아따를 한 입 맛보고 화난 사람 마냥 붉어진 볼을 몇 번 두드리다보면 ‘화내다’란 의미의 이탈리어가 아라비아따란 사실이 평생 잊혀지지 않을지도 모른다.

크림소스를 즐기는 분들이라면 ‘페투치네알프레도’를 추천하고 싶다. 넙적한 페투치네 면에 베이컨, 양파, 마늘, 버섯, 생크림을 넣고 끓인 소스를 올려 만드는 알프레도는 부드럽고 고소하다. 생크림에 달걀까지 가미되어 보다 진한 크림 맛을 강조하는 ‘깔보나라’에 싫증을 느낀 분들이라면 버섯향이 부드러운 알프레도소스가 훨씬 더 깔끔하게 느껴질 것이다.

리조또의 맛 또한 수준급이다. 리조또를 제대로 해낸다는 식당들의 대부분은 서양식 레시피에 충실해 약간은 설컹하게 익혀진 밥이

나오지만, 소노는 친절하게도 밥의 상태를 손님의 기호에 맞춰준다. 생 표고의 신선함, 탱탱하게 살아있는 새우살. 어떤 메뉴를 주문해도 실패하는 일은 없다.

새로운 맛에 도전하고 싶다면 '뇨끼'가 어떨까? 사골육수에 포르치니 버섯으로 색과 향을 내고 파마산 치즈를 가미한, 감자를 갈아 만든 파스타. 소스를 듬뿍 둘러 한 덩어리를 입에 넣으면 말랑말랑하고 부드럽게 녹아내린다. 마치 구름 속을 걷는 것 같은 경쾌함을 느끼게 하는데 이 집의 주방에선 요리가 아니라 꿈(SOGNO)을 만들고 있는 게 아닌가 하는 착각을 불러 일으킨다.

MENU

핫스파이시치킨파스타	9,000원	알프레도파스타	9,000원
새 우 크 림 파 스 타	12,000원	하우스샐러 드	4,000원
뇨 끼	11,000원	아 라 비 아 따	8,000원

INFORMATION

· 전화번호 : 02 - 326 - 3101
· 영업시간 : AM 11:30 ~ PM 10:30 (Close Time PM 5:00 ~ PM 6:00)
· 위　　치 : 2호선 홍대입구역 6번 출구 하차, 홍대정문 맞은 편
　　　　　　맥도날드 건물 1층
· 주　　차 : 불가능

다른나라 음식이 먹고 싶을 때

73 푸치니

강추! 이태리 식당 풀코스.
가격 저렴. 분위기 짱!

푸치니와 처음 인연을 맺은 것은 MBC TV에서 인기리에 방영했던 '박상원의 아름다운 TV 얼굴' 담당 PD로 일할 때이다. 그 날 촬영을 하기로 약속이 되어 있던 연예인은 DJ DOC.

이제야 자수를 하는 것이지만 사실 촬영하는 내내 정신을 집중할 수가 없었다. 어디선가 폴폴 풍겨오는 파스타 소스 향 때문이었는데 입 안에는 침이 그득 고여 있고 배에서는 꼬르륵 소리가 쉬지 않고 들려오고…. 더이상 진도가 나가다가는 망신을 당하겠다 싶어서 속내를 털어놓았다. "사실은 파스타향 때문에… 이해해 주세요." 어이없는 눈길로 잠시 쳐다보던 DOC멤버들은 이내 박장대소를 하며 자지러지더니 나를 보면서 한 마디 내뱉는 것이었다. 자기들도 미치는 줄 알았다고…. 내 얼굴은 걱정과 불안에서 안도로 바뀌었

고 "후딱 찍고 파스타 먹자"는 제안 덕에 출연자는 물론이고 스탭
들까지 일심동체가 되어 초특급 울트라 슈퍼 스피드로 촬영을 마칠
수 있었다.

푸치니는 저녁보다 점심시간을 이용해 찾아가는 것이 훨씬 유리하
다. 강남 한 복판에서 썩 괜찮은 음식을 굉장히 저렴한 가격에 맛 볼
수 있기 때문이다.

5,000원짜리 파스타에서부터 10,000원, 12,000원, 15,000원으로
이어지는 코스의 구성이 손님들을 마구마구 끌어 모은다.

일반적으로 스프 한 그릇에 4,000~5,000원씩 받는 것을 고려할
때, 이 집의 점심 코스메뉴를 놓치는 것은 커다란 손해라는 생각까
지 드는 것도 과장은 아니다.

푸치니의 점심 코스는 세 종류로 나뉜다.

A코스는 스프와 파스타로 조합된 간단한 구성이고, B코스는 전채
요리 7가지가 곁들
여진다. 푸치니의
코스 중 백미라고
할 수 있는 C코스
는 이 모든 것을
기본으로 하고 메
인 디쉬로 스테이
크나 생선 요리 중

다른나라 음식이 먹고 싶을 때

푸치니

연어를 잘게 썰어 샐러드를 만들고, 새콤한 소스로 버섯을 조리해 차갑게 식힌 후 얇게 저민 치즈를 얹어주는 요리는 입 안의 분위기를 순식간에 바꿔 버린다.

한 가지가 더 테이블에 올라 대미를 장식한다.

가장 인기가 있는 C 코스는 호박 스프로부터 시작된다. 노란색이 유난히 시선을 압도하는 호박 스프는 입자가 고와 혀에 닿는 감촉이 보드랍다. 양이 많지는 않지만 함께 내오는 마늘빵이나 먹물빵과 곁들이기에는 부족하지 않다.

바삭한 마늘빵과는 달리 새까만 색이 자극적인 먹물빵은 달달하면서도 고소하다.

메론 조각에 얇게 저민 프로슈또햄을 올린 후 오렌지와 곁들여 내는 전채는 메론의 단맛과 햄의 짭짤함이 어울려 감각적인 조화를 이룬다. 워낙 양이 적어 감동을 느끼기도 전에 입맛을 다시게 되지만 과일즙으로 환기시킨 미각은 뒤따르는 홍합을 받아들이기에 충분한 준비를 마친 상태다. 빵가루를 얹어 오븐에 구운 홍합은 바삭한 가루와 보드라운 홍합속살이 뒤섞여 입 속을 간질인다.

그 다음 수순은 연어와 버섯이다. 연어를 잘게 썰어 샐러드로 만들고, 새콤한 소스로 버섯을 조리해 차갑게 식힌 후 얇게 저민 치즈를 얹어주는 요리는 입 안의 분위기를 순식간에 바꿔 버린다. 연어 특유의 비릿함과 시큼한 버섯은 썩 잘 어울린다. 버섯은 뜨겁게 조리하면 물기를 머금고 물러지지만 차갑게 식히면 오히려 탱탱함이 되살아난다.

새콤한 요리의 구성은 여기에서 멈추지 않는다. 바삭한 칩 위에 버무려져 나오는 토마토와 치즈 그리고 새우, 관자, 꼴뚜기, 오징어 등의 해산물은 입 안의 모든 신경을 곤두서게 만든다.

차가운 접시들을 물리고 나면 토마토버섯스파게티가 뒤를 따른다. 표고와 느타리버섯이 듬뿍 들어 있는 토마토소스의 스파게티는 마늘향이 잔잔히 흐른다. 소스의 농도도 적당해 쉬 물리지 않는데 지극히 평범한 토마토소스가 아주 특별하게 느껴진다.

배가 이미 든든해진 상태이지만 메로구이의 유혹을 뿌리치기는 쉽지 않다. 모락모락 김이 오르는 접시 위의 메로구이는 그다지 두껍지 않지만 구워진 상태가 아주 마음에 든다. 굽는 시간이 과하면 살이 퍽퍽해지고 모자라면 비릿한 향이 접시를 감싸는 것이 메로의 특성인데 제대로 구워져 기름이 좔좔 흐르는 메로의 하얀 속살이 먹음직스럽다.

발사믹 식초가 뿌려진 야채 위에 올려놓은 프리젠테이션도 깔끔함이 만족스럽다. 짭짤하게 간이 밴 메로와 통후추가 만나 단순하지만 가볍지 않은 풍미를 자아낸다.

여기에 디저트까지 곁들이고 나면 가까운 친구들에게 문자 메시지라도 남기고 싶은 충동이 생긴다.

〈〈강추! 이태리 식당 풀코스. 가격 저렴. 분위기 짱〉〉

다른 나라 음식이 먹고 싶을 때

MENU

코　　　스	19,000원 ~ 70,000원	*점심코스	CORSE A	10,000원
메인요리	20,000원 ~ 30,000원		CORSE B	12,000원
			CORSE C	15,000원

INFORMATION

· **전화번호** : 02 - 552 - 2877　　· **영업시간** : AM 11:30 ~ AM 12:00
· **위　　치** : 강남역 7번출구 시티극장 골목 40m
· **주　　차** : 가능

74 앤치즈

퐁듀, 그 진하고 쌉쌀하고 강렬한 맛

앤치즈의 첫느낌은 소박하고 따뜻하다. 온통 하얗게 칠해진 벽면과 따뜻한 느낌을 더해 주는 할로겐 조명이 음식을 시키기 전부터 맛있는 분위기를 연출한다.

식사를 위해 준비된 테이블은 달랑 6개, 나머지는 카운터와 치즈 전용 냉장고, 주방, 와인보관고가 차지하고 있을 만큼 질 좋은 음식에 대한 배려가 훌륭하다.

앤치즈는 단골들의 수에 비해 입소문을 듣고 찾아오는 손님들의 수가 훨씬 많다. 스위스 음식이라는 거리감이 이제는 많이 누그러진 상태지만 그래도 여기저기 퐁듀에 대한 질문이 끊이지 않는다. 치즈는 무슨 종류가 들어가는지 곁들여 나오는 음식들의 양은 얼마나 되는지 묻고 또 묻는다.

손 님 : 메뉴에 퐁듀 연한 맛, 강한 맛이라고 적혀 있는데 어떤

차이죠?

앤치즈 : 강한 맛에는 치즈가 세 종류 들어갑니다. 그뤼에르, 아펜
젤, 그리고 에멘탈. 그리고 연한 맛에는 아펜젤이 빠져
시큼하고 쓴 맛이 덜하죠!

어느새 우리 테이블에 퐁듀 전용 빨간색 용기가 오른다. 뚜껑을
열면 진한 치즈향이 알라딘의 램프 속에 갇혀 있던 지니처럼 피어
오른다. 일단 뚜껑을 열고 알코올 램프에 불을 붙이면 동행과 함께
번갈아가며 손운동을 시작해야 한다. 그렇지 않으면 치즈가 엉키고
눌러 붙어 제대로 된 퐁듀를 즐기기 어렵다.

빨간색 용기 안에서 하느작거리는 치즈는 강렬한 시각적 대비를
보이며 미(味)신경들을 건드린다. 코와 눈을 통해 입력된 자극은 침
샘의 분비를 돕고 배고픔을 유도한다.

더이상 참을 필요가 없다. 길다란 꼬챙이를 딱딱한 호밀빵 깊숙

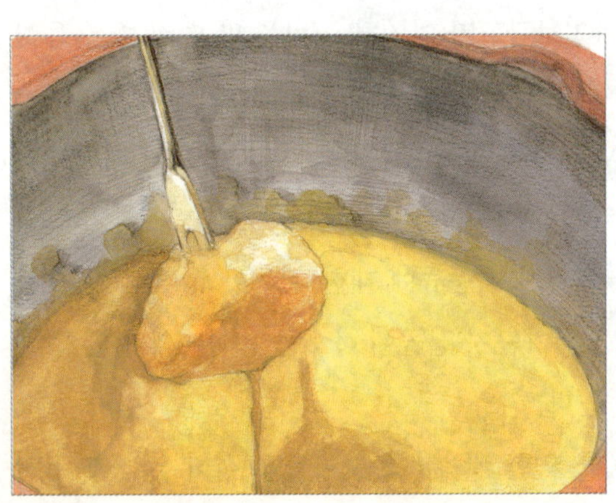

이 찔러넣고 단단
히 고정을 해 용기
속에 밀어 넣는다.
치즈 속에 몸을 담
근 단단한 빵 조각
은 베일처럼 휘감
기는 부드러운 치
즈덕에 단단한 근

육들이 슬며시 풀어진다.

TV 속 피자광고의 모짜렐라치즈처럼 탱탱하게 늘어지지는 않지만 촉촉이 호밀빵 조각을 감싸며 부드럽게 흘러내린다. 입김을 살살 불어 식히는 과정을 잊고 입에 곧바로 넣으면 입천장이 홀랑 벗겨지는 고통을 감내해야 한다.

치즈의 맛을 고소하다고만 표현하기에는 뭔가 부족한 감이 든다. 진하고 고소하고 쌉쌀하고 강렬하다. 혀에 닿는 순간 나지막히 내리깔리는 치즈는 이내 탱탱한 긴장감이 치고 올라와 쫀득거리기 시작한다. 씹을수록 하느작거리다 슬그머니 녹아버린다.

이어지는 두 번째 접시는 씨감자다. 한 입에 쏙 넣어도 부담스럽지 않은 크기의 삶은 감자들이 알알이 담겨 있다. 통째로 넣기 보다는 반쪽으로 잘라 굴려야 치즈와 제대로 섞인다.

호밀빵과는 질감이나 맛에서 상당한 차이를 보인다. 빵조각은 조직의 특성 때문에 치즈의 향취를 고스란히 머금고 있지만 감자의 경우는 껍질이 있어 두 가지 맛이 서로 혼합되지 않고 구분된다. 뜨겁고 매끄러운 치즈의 첫 맛을 감자의 속살이 넉넉히 받쳐준다.

풍듀를 먹을 때는 시간과 양의 안배에 각별히 주의를 기울여야 한다. 치즈 젓는 것을 게을리하거나 불조절에 실패하면 바닥에 치즈가 눌러 붙어 빵이며 감자가 남아돌기 십상이다. 이럴 때는 눈치 볼 것 없이 주인장을 불러 바닥에 붙은 '치즈누룽지'를 긁어달라고 한다.

주인장의 손놀림을 보면 입이 떡 벌어진다. 포크를 뉘여서 냄비 중앙에 열십자 모양으로 가닥을 잡는다. 제대로만 자리가 잡히면 그 다음부터는 바깥방향으로 죽죽 밀어내기만 하면 어렵지 않게 누룽지를 얻을 수 있다. 짭짤한 게 흠이지만 녹였다 눌린 치즈누룽지의 바삭한 쫄깃함도 분명 색다른 경험이다.

양이 좀 부족하다 싶을 땐 이 집의 별미인 파스타를 시키면 된다. 특히 고르곤졸라 치즈로 만든 딸리아뗄레는 강남 최고의 파스타와 견주어도 부족함이 없는 맛과 양을 자랑한다.

주문을 받는 즉시 반죽한 덩어리를 밀어 파스타 면을 뽑는다. 넙적한 면과 크리미한 소스가 넘치도록 담겨있는 파스타 그릇 위에는 베이컨, 브로컬리, 송이 버섯이 그득하다.

여러 가지 재료와 어울려 고르곤졸라 치즈 특유의 쿰쿰한 향은 찾을 수 없고 고소한 맛만 배가 된다. 싱싱한 야채와 걸쭉한 소스 그리고 탄력있는 면발이 사람 좋은 미소의 여주인을 많이 닮아 있다.

저렴한 가격 때문에 양껏 넣지는 못하지만 고르곤졸라 치즈 매니아라고 하면 각별히 신경을 써준다는 귀뜸이 애교스럽다.

MENU

퐁듀 (2인분) 40,000 ~ 50,000원   샐러드 12,000원

파 스 타 10,000 ~ 15,000원

INFORMATION

· 전화번호 ： 02 - 511 - 7712
· 영업시간 ： PM 12:00 ~ PM 2:30 / PM 5:00 ~ PM 10:00
· 위   치 ： 3호선 압구정역 2번 출구, 성수대교 방면 200m 직진,
　　　　　　　신한은행과 하나은행 골목 좌측 2층
· 주   차 ： 공영주차장 가능 (PM 7:00 이후 무료 이용)

다른나라 음식이 먹고 싶을 때

75 리틀사이공

**퍼와 꼼만 알아도 베트남에서
굶어 죽을 일은 없다**

　아시아 요리들은 향이 강하다. 고수라고 불리는 코리엔더나 레몬
그래스와 같은 향초들과 파크치, 심황, 정향 등의 향신료, 그리고
다양하게 쓰이는 젓갈 때문이다.

　처음에는 조금 부담스러운 것이 사실이지만 접하다 보면 그 맛의
매력에 흠뻑 빠지게 된다.

　맵고, 시고, 고소한 풍미의 독특한 태국 요리, 중국과 프랑스의 영
향을 많이 받았지만 상대적으로 기름을 적게 사용해 깔끔하고 부드
러운 베트남 요리, 세상의 모든 향신료와 '탄두리'라 불리는 화덕
에서 구워내는 꼬치고기로 유명한 인도 요리 등이 우리의 입맛을
사로잡기에 충분하다.

　한 가지 아쉬운 점은 이 많은 레스토랑들 중 상당수가 1~2년을 지

속하지 못한다는 사실이다. 여러 가지 이유가 있겠지만 현지 적응에 실패하고 비참하게 돌아서는 모습을 보고 있노라면 안타깝기 그지없다.

이런 와중에 '리틀 사이공' 이 건재함을 과시하는 것은 주목할 만한 일이다.

시작은 늘 베트남식 스프링 롤 '짜죠' 로부터 출발한다. 얇은 라이스페이퍼를 펴고 돼지고기, 새우, 버섯, 그리고 당면을 썰어 넣고 말아서 기름에 튀긴 짜죠는 피만 두꺼운 춘권과는 기본이 다르다. 속이 꽉 찬 이 녀석을 들고 한 입 깨물어 보면 그 차이를 느낄 수 있다. '바사삭' 소리를 내며 크래커처럼 부서지는 겉과는 달리 촉촉한 상태의 내용물들이 쏟아져 나오며 혀 위를 뒹군다.

페투치네보다도 더 넓은 면을 볶아주는 '퍼싸오' 는 우리의 대표 볶음 국수인 잡채나 일본의 야끼소바에 비해 훨씬 굵다. 돼지고기와 야채를 잘게 썰어 쌀 국수와 함께 기름에 볶아내는 퍼싸오는 젓가락으로 가닥을 끌어올려도 좋지만 포크로 찔러 파스타마냥 뱅뱅 돌려 먹는

다른나라 음식이 먹고 싶을 때

리틀사이공

사골과 약재를 넣고 우려낸 육수에 쌀국수를 말고 양파와 저민 쇠고기를 얹어 올린 퍼보는 리틀사이공의 간판 스타

편이 손쉽고 편하다. 위에 뿌린 깨가 톡톡 터지며 분위기를 잡고, 보드라운 면이 입 안에서 풀어진다.

이색적인 별미이기도 하지만 리틀사이공에 오면 반드시 간판스타 '퍼보'를 맛보는 것이 예의다. 사골과 약재를 넣고 하루 종일 우려 낸 육수에 쌀 국수를 말아주는데 동그랗고 얇게 썬 양파와 저민 소고기를 얹어 올린다.

익히지 않아 핑크색을 띄는 소고기 편채 '보친'은 시간이 지남에 따라 뜨끈한 열기로 색이 변한다. 한 점을 건져서 입에 넣으면 샤브샤브 속의 고기와 비슷한 질감을 표현한다. 힘들이지 않고도 야리야리하게 풀어지는 촉감에 기분까지 좋아진다.

국물을 한 모금 마신다. 정신이 번쩍 들 정도로 자극적인 맛은 아니지만 나즈막히 깔려있는 약재의 향과 사골 육수가 개운함을 선사한다.

쌀 국수를 이야기할 때 야채를 빼놓을 수 없다. 육수에 흠뻑 빠진 양파는 살캉살캉 입에서 바스라진다. 체인점 형태로 운영되는 대부분의 베트남 쌀 국수집에서는 숙주를 따로 내주어 입맛에 따라 첨가할 수 있게 서빙을 하지만 리틀사이공에서는 미리 집어넣어 숨이

죽어 있다. 아삭한 맛은 떨어지지만 육수와 어울리는 조화는 더 만
족스럽다.

국수를 싫어하시는 분들도 걱정할 필요가 없다. '꼼가', '꼼톰',
'꼼스엉' 형제들이 버티고 있기 때문이다. 베트남어로 꼼은 쌀을 의
미한다. '가'는 닭이고, '톰'은 새우, '스엉'은 돼지 목살을 말한다.

마음에 드는 재료를 선택해 주문을 하면 하얀 쌀밥과 함께 고기
를 곁들여 준다. 꼼가와 꼼톰은 질깃하게 씹히는 닭다리와 새우가
매콤한 소스와 어울려 인상적인 별미를 만들어 낸다.

위의 두 가지 밥 요리와는 모양새가 다른 꼼스엉에는 마늘과 소
금으로 간을 한 돼지구이 외에 계란 후라이가 추가된다. 고소하고
담백한 스엉은 맨 밥과 잘 어울린다.

MENU

꼼　가	9,000원	퍼 보 라 지	8,500원	짜　죠	7,000원
꼼　톰	11,500원	퍼 　 싸 오	9,000원	미디움	7,000원
꼼 스엉	9,500원				

INFORMATION

· 전화번호 : 02 - 547 - 9050　· 영업시간 : AM 11:30 ~ PM 9:30
· 위　　　치 : 압구정 한양아파트 건너편 하나은행과 국민은행 사이로 직진,
　　　　　　 오른쪽 첫 골목 안
· 주　　　차 : 가능

다른 나라 음식이 먹고 싶을 때

76 리틀타이

한국 고추보다 4배는 더 매운 태국 고추

큰 아이가 30개월로 접어들면서 뭔가 쌈박한 일이 없을까 궁리를 하다가 아내와 결론을 내린 것이 먹거리의 천국 태국 여행이었다. 여행사를 알아보고 예약을 마친 뒤 태국 요리에 대한 기대감으로 기다리기를 며칠…. 두툼한 책 한 권을 옆에 끼고 아이를 들쳐 업은 채 아내와 함께 비행기에 올랐다.

그런데 태국 공항에 도착하고 호텔에 짐을 풀면서 뭔가 잘못되었다는 생각이 들기 시작했다. 명색이 해외여행인데 한 끼 건너 한 번씩 어설픈 한국 식당으로 끌고 가는 모습이 탐탁치 않았던 것이다.

잠자리에 든 우리 부부가 짜낸 묘안은 아들 녀석의 기저귀였다. 다음 날 1회용 기저귀를 핑계 삼아 뻔한 상점 투어 일정에서 빠지고 자유로운 3시간을 허락받았다.

두리번두리번 태국 시내를 누비며 거리의 음식들과 레스토랑들을 기웃거렸다. 희한한 재료들과 묘한 향을 뿜어대는 향신료들은 멀리 한국 땅에서 날아온 젊은 부부의 마음을 사로잡기에 충분했다.

이렇게 연을 맺은 태국 음식의 생각이 간절해지면 태평로 파이낸스 센터 빌딩 지하에 위치하고 있는 리틀타이로 추억여행을 떠난다.

번듯하고 말끔한 통 유리창 사이로 보이는 레스토랑의 내부는 타이의 모습을 고스란히 간직하고 있다. 화려한 색깔과 번쩍이는 장식들이 도심의 지친 나그네들을 보듬어 안는다.

11시 30분부터 3시간 동안 서비스되는 런치코스의 시작은 '쇼마이'로부터 출발한다. 달랑 2개 밖에 내주지 않아 섭섭한 마음이 앞서지만 바삭하게 튀겨진 쇼마이의 날카로운 듯 촉촉한 미감이 이런 기분을 누그러뜨려 준다. 배추 모양으로 쪄낸 쇼마이는 바삭함은 없지만 대신 쫄깃한 피가 인상적이다. 넣자마자 사라지는 작은 사이즈지만 입 속을 간질이며 다음 코스를 기대하게 한다.

바닥에 깔려있는 초록색 잎을 먹을까 말까 고민하는데 '까이팟 맷 마무엉' 이라는 닭고기 볶음이 테이블에 오른다. 닭고기의 살을 깍두기

다른나라 음식이 먹고 싶을 때

리틀타이

태국국수는 식초와 설탕 2
리고 젓갈 같은 피쉬소스를
티스푼으로 하나씩 넣어 주
어야 제 맛이 난다. 새콤달콤
한 맛이 적당히 육수와 융화
되어 개운함을 만들어낸다.

모양으로 자른 후, 캐쉬넛을 넣고 굴소스로 볶아 하얀 접시에 담는다. 고기의 속살은 윤기를 머금고 반짝인다. 따뜻한 고기를 입에 넣으면 살이 뭉개지듯 퍼지며 닭고기 살은 퍽퍽하다는 선입견을 사그라뜨린다.

초생달을 닮은 캐쉬넛은 한바탕 불 위에서 구른 까닭에 부담감 없이 폭신하게 씹힌다. 닭고기 한 점, 캐쉬넛 한 조각, 곁들인 야채를 번갈아 가며 먹다보면 금새 접시가 비워진다.

바로 뒤를 따르는 또 한 가지 요리는 '팟카파오무쌉' 이다. 돼지고기를 잘게 다진 후 '피키누' 라는 태국 고추와 바질 잎으로 볶아내는 요리이다. 색깔도 그리 강하지 않고 국물도 자박하게 있어 안심하고 한 숟가락 입에 넣는다.

실수라고 판단하는데 걸리는 시간은 채 2초를 넘지 않는다. 폭발적인 매운맛이 퍼지며 입 안에 불을 지른 듯 하다. 혀를 아리는 강렬함은 냉수로도 해결이 되지 않는다. 시간이 지날수록 바늘로 찌르는 것 같은 통증이 수반되는데 좀처럼 수그러들 기세가 아니다.

혀를 중화시키는데 도움이 되는 유일한 구원병은 하얀 쌀밥밖에 없다. 소스라칠 정도로 기겁을 했는데도 맨밥 덕분인지 자꾸만 접시로 손이 간다.

혀를 내밀고 공기를 빨아들여 놀란 기운을 잠재우는데 태국 쌀국수 '꿰띠오셀렉남'이 바통을 이어 받는다. 모양은 정말 소박하다. 우리네 콩나물국과 닮아 있는 국물은 심심하고 맹맹하다.

식초와 설탕 그리고 젓갈 같은 피쉬소스를 티스푼으로 하나씩 넣어주어야 제 맛이 난다. 새콤달콤한 맛이 적당히 육수와 융화되어 개운함을 만들어낸다. 국물 위를 동동 떠다니는 아삭한 숙주나물을 씹으며 새우를 건져 먹고, 바닥에 똬리를 틀고 있는 투명한 쌀국수를 젓가락으로 말아 입으로 가져간다.

취향에 따라 고춧가루를 넣어 먹기도 하지만 '팟카파오무쌉'을 먹은 뒤에는 자제하는 것이 좋다. 화끈거림과 칼칼함이 증폭되어 속을 태워버릴지도 모른다.

전채나 후식이 약하다는 느낌이 들지만 사라진 입맛을 돋우기에는 요리들이 참신하다.

MENU

| A코스 | 45,000원 | C코스 | 25,000원 |
| B코스 | 35,000원 | D코스 | 15,000원 |

INFORMATION

· 전화번호 : 02 - 3783 - 0770
· 영업시간 : AM 11:30 ~ PM 2:30 / PM 5:00 ~ PM 10:00
· 위　　치 : 중구 무교동 파이낸스빌딩 지하 1층
· 주　　차 : 가능

다른나라 음식이 먹고 싶을 때

77 라멘81번옥

**다 먹을 수 있으면
돈 안내도 다이죠부! (괜찮아요!)**

　대한민국에 이태원 밤거리만큼 호화스럽고 화려한 곳이 또 있을까? 제 각각 이국적인 맛을 자랑하는 음식점들이 뒷골목까지 포진해 있고 외국인 손님들로 북적거리는 한국 속의 외국.

　포장마차에 가리고, 가게 앞을 장악한 파라솔에 한 번 더 가려져 거의 보이지 않을 정도지만 어떻게들 알아냈는지 일본의 정통 라멘 맛을 보려는 손님들로 열기가 뜨거운 곳이 있다. 바로 라멘 81번옥. 자그마한 문을 열고 들어서는데 특이하게도 테이블이 없다. 마치 오사카 도톤보리의 오래된 라멘집들처럼 죄다 주방과 붙어있는 '다이' 에 앉아 국물을 홀쩍거린다.

　10개를 조금 넘는 자리가 전부지만, 바로 뒤에는 대기의자들이 평행하게 줄지어 있어 '기다려서라도 먹겠다' 는 손님들이 먼저 온 손님들의 뒤통수만 빤히 쳐다보고 있는 진풍경이 벌어진다.

차례를 기다리다 메뉴판을 열어 보면 소스라치게 놀라게 된다. 가격이 보통 비싼 게 아니다. 기다린 시간이 아까워서 자리를 박차고 나가지는 못하고 비교적 가격이 싼 라멘을 찾아 메뉴판을 앞뒤로 뒤적이게 된다.

정확한 이유는 모르겠지만 국산 농수산물은 못 믿어서인지 '재료 전체를 일본으로부터 직수입하여 단가가 비싸진 것' 이라고 친절하게 액자까지 걸어 설명하고 있다.

영화 '라스트 사무라이' 에서 톰 크루즈와 결전을 벌이던 사무라이처럼 생긴 일본인 주방장 아저씨의 노련함이 돋보이는 가운데 라멘 그릇을 받아 보면 처음 메뉴판을 보았을 때와 마찬가지로 다시 한 번 놀라게 된다.

입이 떡 벌어질 만큼 양이 푸짐하다. 일반적인 라멘집들의 그것과 비교해 두 배쯤 된다. 그리고 면발 위에 올라앉은 웃기들이 흘러넘칠 정도로 그득하다. 짜슈 (간장에 조린 돼지고기)와 모야시 (숙주), 달걀,

다른나라 음식이 먹고 싶을 때

라멘81번옥

면발 위에 올라앉은 짜슈,
모야시, 달걀, 당근, 깨, 콘,
죽순 웃기들은 흘러넘칠 정
도로 그득하고 입이 떡 벌어
질 만큼 푸짐한 양을 자랑

당근, 깨, 콘, 죽순 그리고 김 조각까지 기분 좋게 손님들을 반긴다. 이것도 모자라다면 별도로 죽순, 미역, 매실 등을 토핑할 수 있다.

간장으로 맛을 낸 쇼유라멘이나 된장으로 간을 맞춘 미소라멘이나 모양새는 비슷하지만 국물 맛은 확연히 다르다.

쇼유라멘의 육수는 심심하게 느껴질 정도로 닝닝한데 먹다보면 자극적이지 않은 이 맛에 반하게 된다. 짜슈를 씹고 나서 국물을 한 모금 마셔보면 가볍지 않은 고소함이 입을 즐겁게 한다.

상대적으로 미소라멘의 국물은 담백하다. 이런 이유 때문에 느끼함이 덜하고 국물을 마셔도 개운한 상태가 유지된다. 비결은 닭의 각종 부위를 우려낸 육수에 있다.

라멘81번옥에서 아쉬운 한 가지는 반찬이다. 일본 현지에서도 따라 나오는 그 흔한 단무지 한 쪽조차 내놓지 않는다. 혹시나 반찬 없이는 면을 드실 수 없는 분이라면 눈물을 머금고 2,000원짜리 오싱고 (한국의 김치처럼 밥과 곁들여 먹는 식초에 절인 야채들)를 시켜야 한다.

'라멘에 충실하겠다' 는 약속처럼 느껴져 한 편으로는 든든하지만 다시 생각해 보면 야박한 기분이 들기도 한다.

나 같은 손님들을 위안하기 위함인지 가게 분위기만큼이나 깜찍한 이벤트를 일년 내내 개최하는데 그 내용은 단순하고 무식하기 짝이 없다.

30,000원 짜리 초대형 점보라멘 (4인분)을 혼자서 20분 안에 국물 한 방울 남김없이 먹는다면 식대가 공짜!!!

평소 대식가라고 자신하는 분들이라면 한 번쯤 도전해 봄이 어떨지? 실패하면 라면 4인분을 한 자리에서 먹으려 했다는 추억을 갖게 될 것이고 성공하면 앉은 자리에서 30,000원을 버는 것이다. 재미있고 배부른 한 끼 식사를 당당하게 공짜로 즐겨보려는 미련한 손님들 덕에 매상이 만만치 않다.

돌아서면 사라지는 웃음이지만 몸에 밴 친절 덕분에 인상을 구기는 일은 절대 벌어지지 않는다.

MENU

| 소유라멘 | 9,000원 | 네기라멘 | 12,000원 | 카레라이스 | 5,000원 |
| 미소라멘 | 10,000원 | 쟈슈라멘 | 13,000원 | 그 외 다양 | |

INFORMATION

· 전화번호 : 02 - 792 - 2233
· 영업시간 : AM 11:30 ~ PM 2:00 / PM 6:00 ~ AM 2:00
· 위   치 : 이태원 제일기획 건너편 이태원호텔 옆
· 주   차 : 가능

다른나라 음식이 먹고 싶을 때

찾아보기

동네·음식점 이름·음식 종류 ......페이지

서울

가산동 · 춘천옥 · 막국수, 보쌈 278

광장동 · 도토리마을 · 도토리 사골탕
...... 158

노고산동 · 연남식당 · 소갈비 298

논현동 · 남서울민물장어 · 장어 63

다동 · 무교동북어국집 · 북어국 270

대림동 · 동해반점 · 중국요리 39

대방동 · 바닷가재가리비집 · 바닷가재
...... 246

도화동 · 쭈꾸미숯불구이 · 주꾸미 182

목동 · 가야밀면 · 밀면, 냉면 96

목동 · 스시노미찌 · 스시 251

무교동 · 리틀타이 · 베트남 요리 340

방화동 · 고성막국수 · 막국수 136

방화동 · 차돌집 · 차돌박이 132

봉천동 · 완산정 · 콩나물 해장국 212

삼각지 · 옛집 · 국수 120

삼성동 · 샤르르샤브샤브 · 샤브샤브
...... 256

삼성동 · 하나샤브정 · 샤브샤브 186

서교동 · 나무와벽돌 · 파스타 238

서교동 · 녹두촌빈대떡 · 빈대떡 200

서교동 · 소노 · 이태리 요리 322

서소문 · 정원순두부 · 순두부 274

서초동 · 옛날보리밥집 · 보리밥
...... 30

석촌동 · 본가설렁탕 · 설렁탕 54

세검정 · 가빈스소시지 · 소시지 208

수하동 · 하동관 · 곰탕 66

신당동 · 성내식당 · 젓갈 반찬의 백반
...... 100

신사동 · 앤치즈 · 퐁듀 331

안국동 · 목포집 · 떡갈비 178

암사동 · 동신떡갈비 · 떡갈비 286

압구정동 · 라리에또 · 파스타, 스파게티
...... 162

압구정동 · 리틀사이공 · 베트남 요리
...... 336

여의도 · 동해복국 · 복국 116

여의도 · 몽대 · 주꾸미 18

여의도 · 부흥동태탕 · 동태탕 147

여의도 · 서궁 · 볶음밥, 중국요리 204

여의도 · 자린고비 · 황태국 22

여의도 · 조원 · 오리꼬치구이 216

역삼동 · 김명자굴국밥 · 굴국밥 196

역삼동 · 원주추어탕 · 추어탕 74

역삼동 · 전주한일관 · 콩나물국밥 290

역삼동 · 푸치니 · 이태리 요리 326

연남동 · 송가네감자탕보쌈 · 감자탕, 보쌈 124

연남동 · 홍복 · 만두 88

염리동 · 원조밀리네해물잡탕 · 해물탕 34

오금동 · 기와집양곱창센터 · 양곱창 220

용강동 · 진사댁 · 한정식 234

용두동 · 개성집 · 조랑떡국, 개성순대 294

원효로 · 소양강 · 매운탕 110

을지로 · 보건옥 · 불고기 44

을지로 · 우래옥 · 평양냉면 170

을지로 · 평래옥 · 평양냉면 303

응암동 · 풍년명절 · 황해도 전통음식 105

이태원 · 라멘81번옥 · 라멘 344

이태원 · 바다식당 · 존스탕, 바베큐 84

이태원 · 발리 · 인도네시아 요리 314

이태원 · 해천 · 전복 50

인사동 · 밥이야기 · 백반 14

인사동 · 차이야기 · 대나무쌈밥 70

잠실 · 놀부유황오리진흙구이 · 오리 242

정릉 · 봉화묵집 · 묵 80

종로 · 삼전초밥 · 초밥 318

종로 · 순라길 · 홍어 227

종로 · 애비뉴원 · 스테이크 260

종로 · 연지얼큰동태국 · 동태찌개 224

종로 · 영춘옥 · 꼬리곰탕 308

창전동 · 제니스 · 샌드위치 92

창천동 · 겐조라멘 · 라멘 140

창천동 · 진미락도시락 · 도시락 152

충무로 · 장추 · 장어 282

평창동 · 강촌쌈밥 · 쌈밥 58

한남동 · 해남갈비 · 오징어 주물럭 26

합정동 · 양화정 · 돼지갈비 128

혜화동 · 구보다스시 · 스시정찬 264

혜화동 · 은성오징어보쌈 · 오징어보쌈 144

경기도

미사리 창우동 · 디딤돌숨두부 · 숨두부 174

일산 법곳동 · 우슬이네 · 참게닭 190

일산 장항동 · 로젠브로이 · 스테이크, 파스타 166